表1 ギリシャ文字の読み方

小文字	大文字	読み方
α	A	アルファ
β	B	ベータ
γ	Γ	ガンマ
δ	Δ	デルタ
ε	E	イプシロン
ζ	Z	ツェータ ゼータ ジータ
η	H	イータ エータ
θ ϑ	Θ	シータ テータ
ι	I	イオタ
κ	K	カッパ
λ	Λ	ラムダ
μ	M	ミュー
ν	N	ニュー
ξ	Ξ	グザイ クシー
o	O	オミクロン
π	Π	パイ
ρ	P	ロー
σ	Σ	シグマ
τ	T	タウ
υ	Y	ウプシロン ユプシロン
φ ϕ	Φ	ファイ
χ	X	カイ
ψ ψ	Ψ	プサイ プシー
ω	Ω	オメガ

JN256086

表2 単位の接頭語

エクサ	exa-	E	10^{18}
ペタ	peta-	P	10^{15}
テラ	tera-	T	10^{12}
ギガ	giga-	G	10^{9}
メガ	mega-	M	10^{6}
キロ	kilo-	k	10^{3}
ヘクト	hecto-	h	10^{2}
デカ	deca-	da	10^{1}
——	——		10^{0}
デシ	deci-	d	10^{-1}
センチ	centi-	c	10^{-2}
ミリ	milli-	m	10^{-3}
マイクロ	micro	μ	10^{-6}
ナノ	nano-	n	10^{-9}
ピコ	pico-	p	10^{-12}
フェムト	femto-	f	10^{-15}
アト	atto-	a	10^{-18}

入門

振動・波動

福田 誠 著

裳華房

INTRODUCTION TO VIBRATIONS AND WAVES

by

Makoto FUKUDA, DR. SC.

SHOKABO
TOKYO

JCOPY 〈出版者著作権管理機構 委託出版物〉

ま　え　が　き

　本書は，理工系大学における「振動・波動論」の教科書です．執筆するにあたって留意した
ことと，特徴を以下に記します．

　本書の目的の１つに，本書を使って「勉強のしかた」を学んでもらうことが挙げられます．
公式や知識をただ暗記するだけの勉強法から脱却して，なぜ，そのようになるのかを考えなが
ら内容を理解していく勉強法に切りかえてください．それを手助けするための特徴は，以下の
通りです．

（１）　数式の変形過程を省略せずに丁寧に記述しました．式の変形過程がわかりにくいと思わ
　　　れる箇所には吹き出しをつけて，なぜそのように変形されるかを示してあります．そのた
　　　め，本書では他書に比べて数式が多いように感じられるでしょう．また，振動・波動を理
　　　解するための数学に関する章や節には＊をつけてあります．さらに，思考を途切らすこと
　　　なく読み進むことができるように，以前に提示した数式を参照するときは数式番号を記す
　　　のではなく，数式そのものを再提示するようにしました．再提示した数式には数式番号に
　　　☆をつけました．

（２）　初学者がつまずきやすい箇所では，丁寧に説明するとともに **NOTE** を付して補足説明
　　　を行っています．それによって，他書を参照しなくても本書だけで勉強できるように配慮
　　　しました．まず先に，**NOTE** を見てから本文を読むのもよいでしょう．

（３）　すべての章末問題に解答がつけてあります．これによって，読者が自学自習によって内
　　　容の理解を深められるようにしました．なお，詳細な解答は

　　　　　　　https://www.shokabo.co.jp/mybooks/ISBN978-4-7853-2256-4.htm

　　　にアップロードしてありますので，ダウンロードして活用してください．

　本書は以下のように８つの章から構成されており，「単振動」を基礎知識として，質点系の
振動，波動方程式の導出および基本的な波動現象について理解できるようになっています．本
書では，解説にあたって常に「単振動」に立ち戻って説明するようにしました．

第１章　数学的な準備として位置づけました．単振動を表す微分方程式の解き方をマスター
　　　　し，それを基に減衰振動と強制振動を表す微分方程式の解法を学べるようになっていま
　　　　す．読者が２階の線形微分方程式の解法をマスターしているのであれば，第２章から読
　　　　み始めてもよいでしょう．

第２章　「単振動」に関する基本事項を説明した後に，ばねとおもりによる単振動について，
　　　　力学的エネルギーに焦点を当てて運動方程式を解く方法を解説しました．

第3章　単振動の系に抵抗力および周期的な外力を加えることによって，減衰振動および強制振動が観測されるので，第1章での数学的知識に基づいてそれらの現象について解説しました．

第4章　2つの質点に関する連成振動を表す微分方程式の解法を学ぶとともに，どのような振動パターンが存在するかを説明しています．それを基に，1次元における質点系の振動について解説しました．この章でも「単振動」の微分方程式の知識が活用されます．

第5章　本書の到達目標の1つである波動方程式の導出法を丁寧に示しました．3次元空間での電磁波の波動方程式を記述するために，ベクトル解析の基礎的な事項についても丁寧に記述しました．

第6章　波動方程式の一般解の導出方法について丁寧に解説しました．また，一般解を用いて波動が示す基本的な性質についても解説しました．

第7章　正弦波を題材に，波動を表すパラメータについて解説しました．特に，「波数」という概念についてわかりやすく解説されている書物が見当たらないことから，本書では角振動数との対比によって，直感的に波数の概念を理解できるように記述してあります．また，3次元空間での平面波および球面波の伝播についても解説しました．

第8章　振動および波動現象を解析するために用いられる，フーリエ解析の基礎について解説しました．周期的な関数に適用するフーリエ級数について解説した後，非周期関数に適用するフーリエ変換への移行過程について解説しました．

　本書を1行ずつ理解しながら読み進めることによって，「なんとなくわかった．」「まあまあわかった．」ではなく，読んだ内容を自分の言葉で他の人に説明できるようになっていただけることを心より願っています．

　本書を執筆するにあたり，さまざまな助言をくださいました千歳科学技術大学の諸先生に，この場を借りて心より感謝申し上げます．

　最後に，株式会社 裳華房 企画・編集部の石黒浩之氏には，本書の意図をご理解いただき，出版までのさまざまなご指導をいただきましたことに感謝申し上げます．また，本書を出版する機会を与えていただきました株式会社 裳華房に感謝いたします．

2017 年 7 月 3 日　北海道千歳市にて

福田　誠

目　　次

第6章　波動方程式の解

第7章　波の伝播

第8章　フーリエ解析の基礎

1. 振動を表す線形微分方程式の解法 *

本章では，振動・波動論を理解するための数学的準備として，単振動，減衰振動，強制振動を表す2階の線形微分方程式の解法について解説する．特に，単振動を表す微分方程式 $\ddot{x} + \omega_0^2 x = 0$ の解法を確実にマスターすることが大切である．

1.1 単振動を表す微分方程式の解法

本節では，まず等速円運動と単振動の関係について説明し，振動を表現する2階の線形微分方程式を紹介した後に，単振動を表す2階の線形微分方程式の解法について記述する．

1.1.1 等速円運動と単振動

図1.1に示すように，半径 a [m] の円周上を一定の角速度 ω_0 [rad/s] で回転する点Pがある．角速度 ω_0 とは，1秒間に中心角が ω_0 [rad]（ラジアン）進むということを意味している．このとき，点Pは円周上を一定の速さで回転し，このような運動を**等速円運動**とよぶ．回転運動における角速度は，振動では**角振動数**あるいは**角周波数**とよばれる．なお，角度の増加する向きは，図のように反時計回りを正として話を進めることにする．

点Pの x 座標および y 座標を時間 t に対してグラフにすると，図のように $x = a \cos \omega_0 t$ および $y = a \sin \omega_0 t$ の曲線が得られる．ここで，a は振動の**振幅**とよばれる定数である．点Pが円周を1周するのにかかる時間を**周期**という．点Pを図の右方向あるいは左方向から眺めると点Pは上下方向に振動しており，点Pを図の上方向あるいは下方向から眺めると左右方向に振動しているように見える．このような

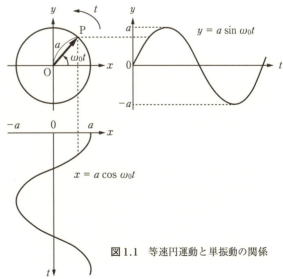

図1.1 等速円運動と単振動の関係

以後，＊を付した箇所は数学的準備を行うことを意図する．

振動を**単振動**あるいは**調和振動**という．このことから，等速円運動は上下方向の単振動と左右方向の単振動に分解できることがわかる．見方を変えると，2つの単振動から等速円運動が合成されると見ることもできる．

点 P が 1 周するということは中心角が 2π [rad] 進むということであり，それに要する時間が周期 T_0 [s] であるから $2\pi/T_0 = \omega_0$ である．よって，周期 T_0 は次のようになる．

$$T_0 = \frac{2\pi}{\omega_0} \tag{1.1}$$

また，周期 T_0 の逆数は**振動数**あるいは**周波数**とよばれており，振動数を f_0 とすれば，次のように表すことができる．

$$f_0 = \frac{1}{T_0} = \frac{\omega_0}{2\pi} \tag{1.2}$$

振動数 f_0 とは，1 秒間に点 P が f_0 回だけ回転（振動）するということである．振動数の単位は [Hz]（ヘルツ）$= [s^{-1}]$ である．なお，本書では，等速円運動および単振動に関する基本的なパラメータには，ω_0，T_0，f_0 のように添え字に 0 をつけることにする．

NOTE 1.1　ラジアン（radian）

　ラジアンは，「円弧と半径の長さの比」を表す量なので無次元量である．そのため，単位 rad はしばしば省略される．例えば，角速度 ω_0 [rad/s] は ω_0 [1/s] と表記されることが多い．しかし，本書では，ω_0 が単位時間当りに角度がどれだけ変化するかということをわかりやすくするために，rad を省略せず ω_0 [rad/s] と記述することにする．

図 1.2 に示すように，ばねにおもりをつけて滑らかな床の上で運動させるときに見られる振動運動は単振動である．ばね定数を k [N/m]，おもりの質量を m [kg]，ばねの伸び（または縮み）を x [m] とすると，**運動方程式**は次のように表される．

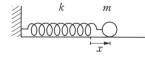

図 1.2　ばねによる単振動

$$\boxed{m\ddot{x} = -kx} \tag{1.3}$$

ここで，運動方程式とは物体の「質量」，「加速度」および「物体に作用する力」の関係を表す方程式である．(1.3) のなかの $\ddot{x}$ [m/s²]（エックス ツードット）は，**変位** x（原点または基準点からの位置の変化，あるいは単に位置）を時間 t で 2 回微分することを表しており，d^2x/dt^2 と同義である．いずれも物体の**加速度**を表している．右辺の $-kx$ は，ばねによる**弾性力**を表している．マイナス符号は，物体の変位 x に対して逆向きの方向に弾性力が作用し，**復元力**（元の状態に戻そうとする力）であることを表している．ばね定数 k [N/m] は，ばねを単位長さ（1 m）だけ伸び縮みさせるのに必要な力の大きさを表している．したがって，k が大きいほど硬いばねである．なお，小さなばねでは 1 m も伸び縮みをさせることはできな

いので，微小な伸び縮み（Δx とする）をさせるのに必要な力（ΔF とする）との比率（$\Delta F/\Delta x$）として，ばね定数 k を定義する．

NOTE 1.2 単 位

　時間の単位である秒は [s] と記す．（1.1）における $T_0 = 2\pi/\omega_0$ の右辺の単位は [rad]/[rad/s] = 1/[1/s] = [s] となり，周期 T_0 の単位 [s] と一致する．（1.2）の $f_0 = 1/T_0$ において，T_0 の単位は [s] であるから f_0 の単位は 1/[s] = [s^{-1}] となる．（1.3）における $m\ddot{x} = -kx$ の左辺の単位は，[kg]·[m/s^2] = [m·kg·s^{-2}] である．右辺の単位は [N/m]·[m] = [N]（ニュートン）である．したがって，両辺を見比べて，力の単位は [N] = [m·kg·s^{-2}] である．

NOTE 1.3 運動方程式

　ニュートンの運動法則によれば，右図のように質量が m [kg] の物体に大きさが F [N] の力を作用させると，力の向きに，力の大きさに比例した加速度 α [m/s^2] が発生する．これを式で表すと $m\alpha = F$ となり，これを運動方程式とよぶ．

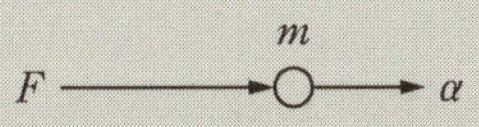

図1.3 力と加速度の関係

　x 軸上での物体の位置（原点からの距離）を x [m] とすると，x は時間 t [s] の関数として表すことができる．このとき，x を時間 t で微分した $\dot{x}$ [m/s] は速度，さらに微分した $\ddot{x}$ [m/s^2] は加速度である．これを用いると，運動方程式は $m\ddot{x} = F$ という微分方程式として表すことができる．

　（1.3）の運動方程式は x を時間で 2 回微分した項を含んでおり，**2 階の線形微分方程式**とよばれる方程式である．

1.1.2　2階の線形微分方程式

　2 階の線形微分方程式の一般形は

$$\ddot{x} + P(t)\dot{x} + Q(t)x = R(t) \qquad (P(t),\ Q(t),\ R(t) \text{ は } t \text{ の関数}) \qquad (1.4)$$

である．$P(t) = a$，$Q(t) = b$（a と b は定数）であるものは，（1.5）のように書くことができて，**定数係数をもつ2階の線形微分方程式**という．また，$R(t) \neq 0$ であるときは**非同次形**であるという．

$$\ddot{x} + a\dot{x} + bx = R(t) \qquad (R(t) \neq 0) \qquad (1.5)$$

さらに，$R(t) = 0$ であるとき，（1.5）は，

$$\ddot{x} + a\dot{x} + bx = 0 \qquad (1.6)$$

となる．これを**同次形**であるという．

NOTE 1.4 線形性(1)

ある関数 $f(x)$ について，a，b，p を任意の定数とするとき，$f(a + b) = f(a) + f(b)$ と $f(pa) = p \cdot f(a)$ が成り立つとき，$f(x)$ は線形性をもっているという．

（例）$f(x) = 2x$ のとき，$f(a) = 2a$，$f(b) = 2b$ であるから，$f(a) + f(b) = 2a + 2b$ である．また $f(a + b) = 2(a + b) = 2a + 2b$ である．よって $f(a + b) = f(a) + f(b)$ が成り立つ．さらに，$f(p \cdot a) = 2(pa) = 2pa = p \cdot (2a) = p \cdot f(a)$ である．以上から，$f(x) = 2x$ は線形性を有する．

NOTE 1.5 線形性(2)

ある関数 $f(x)$ について，$f(pa + qb) = p f(a) + q f(b)$ が成り立つとき，$f(x)$ は線形性をもっているという．（a，b，p，q は任意の定数）

$f(pa + qb) = p f(a) + q f(b)$ において，$p = q = 1$ のとき，$f(a + b) = f(a) + f(b)$ となる．また $q = 0$ のとき，$f(pa) = p \cdot f(a)$ となるので，NOTE 1.4 と一致する．

基本的な振動現象は，以下の4つの運動方程式によって表される．

$$m\ddot{x} = -kx \qquad\qquad \text{（単振動）} \tag{1.7}$$

$$m\ddot{x} = -kx - 2m\gamma\dot{x} \qquad\qquad \text{（減衰振動）} \tag{1.8}$$

$$m\ddot{x} = -kx + F\cos\omega t \qquad\qquad \text{（抵抗力がない強制振動）} \tag{1.9}$$

$$m\ddot{x} = -kx - 2m\gamma\dot{x} + F\cos\omega t \qquad \text{（抵抗力がある強制振動）} \tag{1.10}$$

$(1.7) \sim (1.10)$ の両辺を m で割る．その際，m と k はともに正の数であるから，k/m を次のように，角振動数（角速度）ω_0 の2乗とおくことができる．なぜ，そのようにおくことができるかは，以下に解説する微分方程式の解法を理解することによって明らかとなる（図1.5参照）．

$$\omega_0{}^2 = \frac{k}{m} \tag{1.11}$$

(1.5) との対応を考慮して整理すると，以下の $(1.12) \sim (1.15)$ のようになる．

一般形 $\qquad\qquad \ddot{x} + a\dot{x} + bx = R(t) \qquad\qquad (1.5)^{☆}$

単振動 $\qquad\qquad \ddot{x} \qquad\quad + \omega_0{}^2 x = 0 \qquad\qquad (1.12)$

減衰振動 $\qquad\quad \ddot{x} + 2\gamma\dot{x} + \omega_0{}^2 x = 0 \qquad\qquad (1.13)$

強制振動（抵抗なし） $\quad \ddot{x} \qquad\quad + \omega_0{}^2 x = \dfrac{F}{m}\cos\omega t \qquad (1.14)$

☆：以前に提示した数式を再提示することを表す．

強制振動（抵抗あり）　　$\ddot{x} + 2\gamma\dot{x} + {\omega_0}^2 x = \dfrac{F}{m}\cos\omega t$ 　　　　　(1.15)

1.1.3　線形性を用いた解法

　(1.12) に示した微分方程式 $\ddot{x} + {\omega_0}^2 x = 0$ について，**線形性**を用いて一般解を求める．なお，x は時間の関数 $x(t)$ であるが，(t) を省略して単に x と書くことにする．線形性とは，解の**重ね合わせ**（足し合わせ）が成り立つことを表している．本書では，これを「**解の和も解である**」と表現することにする．

　いま，ある関数 x_1 が方程式 (1.12) の解であると仮定すると，$\ddot{x}_1 + {\omega_0}^2 x_1 = 0$ が成り立つ．両辺に任意の定数 c_1 を掛けると

$$c_1\ddot{x}_1 + c_1({\omega_0}^2 x_1) = 0$$

となる．微分の記号をライプニッツ方式に書き直すと

$$c_1\left(\frac{d^2 x_1}{dt^2}\right) + c_1\left({\omega_0}^2 x_1\right) = 0$$

となる．c_1 を微分のなかに入れると，次のようになる．

$$\frac{d^2}{dt^2}(c_1 x_1) + {\omega_0}^2(c_1 x_1) = 0 \tag{1.16}$$

ここで，$X = c_1 x_1$ とおけば $d^2 X/dt^2 + {\omega_0}^2 X = 0$ である．ニュートン方式の記法に直すと $\ddot{X} + {\omega_0}^2 X = 0$ であるから，x_1 に定数 c_1 を掛けた $c_1 x_1$ も元の微分方程式 $\ddot{x} + {\omega_0}^2 x = 0$ の解であることがわかる．

NOTE 1.6　方程式の解であるということ

　$2x + 1 = 5$ という方程式において，$x_1 = 1$ と $x_2 = 2$ のどちらが解であるかを判定するには，元の方程式に代入してみてイコールが成立するかどうかを調べればよい．よって，$2x_1 + 1 = 2 \times 1 + 1 = 3 \neq 5$，$2x_2 + 1 = 2 \times 2 + 1 = 5$ であるから，$x_2 = 2$ が解である．

NOTE 1.7　時間による微分法の記号

　x を t で微分することを表す記号は，ニュートン方式とライプニッツ方式によってそれぞれ次のように記される．

　　　　ニュートン方式の記号　　$\dot{x}, \ddot{x}$

　　　　ライプニッツ方式の記号　　$\dfrac{dx}{dt}, \dfrac{d^2 x}{dt^2}$

同様に，x_2 が $\ddot{x} + {\omega_0}^2 x = 0$ の解ならば，$c_2 x_2$（c_2 は任意の定数）も解であるから

$$\frac{d^2}{dt^2}(c_2 x_2) + \omega_0^2(c_2 x_2) = 0 \tag{1.17}$$

が成り立つ．次に，(1.16) と (1.17) の和をとると

$$\frac{d^2}{dt^2}(c_1 x_1) + \frac{d^2}{dt^2}(c_2 x_2) + \omega_0^2(c_1 x_1) + \omega_0^2(c_2 x_2) = 0$$

となり，これを整理すると次式を得る．

$$\frac{d^2}{dt^2}(c_1 x_1 + c_2 x_2) + \omega_0^2(c_1 x_1 + c_2 x_2) = 0 \tag{1.18}$$

さらに，$X = c_1 x_1 + c_2 x_2$ とおけば

$$\frac{d^2 X}{dt^2} + \omega_0^2 X = 0 \tag{1.19}$$

であるから，$c_1 x_1 + c_2 x_2$ もまた $\ddot{x} + \omega_0^2 x = 0$ の解であることがわかる．すなわち，**解の和も解である**ことが示された．

さて，$\ddot{x} + \omega_0^2 x = 0$ の2つの解として，次の関数を考えることにする．

$$x_1 = \cos \omega_0 t, \qquad x_2 = \sin \omega_0 t \tag{1.20}$$

合成関数の微分法を適用して $x_1 = \cos \omega_0 t$ を t で微分すると，$\dot{x}_1 = -\omega_0 \sin \omega_0 t$，$\ddot{x}_1 = -\omega_0^2 \cos \omega_0 t$ となる．$\ddot{x}_1 = -\omega_0^2 \cos \omega_0 t$ と $x_1 = \cos \omega_0 t$ を $\ddot{x} + \omega_0^2 x = 0$ の左辺に代入すると $-\omega_0^2 \cos \omega_0 t + \omega_0^2 \cos \omega_0 t = 0$ となり微分方程式のイコールが成立するから，$x_1 = \cos \omega_0 t$ は解である．同様に $x_2 = \sin \omega_0 t$ も解であることが確かめられる．解の和も解であるから，c_1 と c_2 を任意の実数として $\ddot{x} + \omega_0^2 x = 0$ の**一般解**は

$$x = c_1 x_1 + c_2 x_2 = c_1 \cos \omega_0 t + c_2 \sin \omega_0 t \tag{1.21}$$

と書くことができる．なお，任意定数は**初期条件**によって決定される定数である．(1.20) で示したような任意定数を含まない解は，**特殊解**または単に**特解**とよばれている．以後，本書では特解とよぶ．

次に，図1.4に示すように，$c_1 = a \sin \varphi$，$c_2 = a \cos \varphi$，$a = \sqrt{c_1^2 + c_2^2}$ を満たす実数 a と φ，および三角関数の加法定理 $\sin(x + y) = \sin x \cos y + \cos x \sin y$ を用いると，(1.21) の一般解は次のように1つの三角関数に合成することができる．

$$\begin{aligned}
x(t) &= c_1 \cos \omega_0 t + c_2 \sin \omega_0 t = (a \sin \varphi) \cos \omega_0 t + (a \cos \varphi) \sin \omega_0 t \\
&= a(\sin \varphi \cos \omega_0 t + \cos \varphi \sin \omega_0 t) = a \sin(\omega_0 t + \varphi) \\
&\qquad\qquad (a, \varphi \text{ は任意の実数})
\end{aligned} \tag{1.22}$$

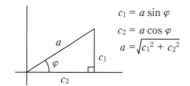

$c_1 = a \sin \varphi$
$c_2 = a \cos \varphi$
$a = \sqrt{c_1^2 + c_2^2}$

図1.4　三角関数の合成

ここで，一般解のなかの $\omega_0 t + \varphi$ [rad] は振動の**位相**であり，ω_0 は単位時間当りの位相の変化量（角速度，角振動数）であることが，改めて確認できる．そして，ω_0 の値は前述のように，ばね定数とおもりの質量を用いて $\omega_0{}^2 = k/m$ として求めることができる．

図 1.5 は，半径 a の等速円運動とそれに対応する $x = a \sin(\omega_0 t + \varphi)$ で表される単振動の様子を示した図である．点 P は時刻 $t = 0$ において角度 φ に対応する点 P_0 を出発し，角速度 ω_0 で反時計回りに等速円運動する．時間 t に対して点 P の運動を投影すると，図のように $x = a \sin \varphi$ から始まる正弦波のグラフとなる．φ は**初期位相**とよばれる定数である．なお，角速度 ω_0 が負の値のときは，逆回りの等速円運動になる．

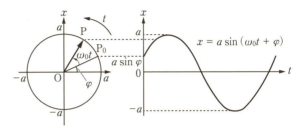

図 1.5 単振動の一般解．円の縦方向を x 軸とした．

NOTE 1.8　初期条件

2 階の微分方程式の一般解には，2 つの任意定数（上記の例では c_1 と c_2，あるいは a と φ）が存在する．これらの定数は初期条件によって決定することができる．初期条件とは，$t = 0$ において $x = 1$，$\dot{x} = -2$ のように与えられる条件である．

例題 1.1

微分方程式

$$\ddot{x} + 4x = 0 \tag{①}$$

の一般解を求めなさい．

解　①の特解を $x_1 = \cos 2t$，$x_2 = \sin 2t$ と仮定して一般解を求める．

$x_1 = \cos 2t$ を t で微分すると，$\dot{x}_1 = -2 \sin 2t$，$\ddot{x}_1 = -4 \cos 2t$ となる．

これらを①の左辺に代入すると $-4 \cos 2t + 4 \cdot \cos 2t = 0$ となり，イコールが成立するから $x_1 = \cos 2t$ は①の解であることがわかる．同様に，$x_2 = \sin 2t$ も①の解である．したがって，c_1 と c_2 を任意の定数として，解の和も解であることを用いると，

$$x = c_1 x_1 + c_2 x_2 = c_1 \cos 2t + c_2 \sin 2t$$

は①の一般解である．

さらに，$c_1 = a \sin \varphi$，$c_2 = a \cos \varphi$，$a = \sqrt{c_1{}^2 + c_2{}^2}$ を満たす実数 a と φ を用いて，一般解を次のように書き直すことができる．

$$x = c_1 \cos 2t + c_2 \sin 2t = a \sin \varphi \cos 2t + a \cos \varphi \sin 2t = a \sin(2t + \varphi)$$

◆

1.1.4　指数関数を用いた解法

次に，指数関数を用いて微分方程式

$$\ddot{x} + \omega_0^2 x = 0 \tag{1.12}☆$$

を解く方法を記す．まず，(1.12) の解を次のように仮定する．

$$x = e^{\lambda t} \quad (\lambda \text{ は未定定数}) \tag{1.23}$$

NOTE 1.9　$x = e^{\lambda t}$ について

　未定定数 λ が複素数であるとき，x は振動を表す解となる．λ が実数であり $0 < \lambda$ のとき，$t \to +\infty$ とすると x は $+\infty$ に発散し，$\lambda < 0$ のとき，$t \to +\infty$ とすると x は 0 に収束する．なお，$\lambda = 0$ のときは，$x = e^0 = 1$ である．

NOTE 1.10　複素数について

　通常，平方根は正の実数に対して定義されるが，負の実数に対する平方根を定義することによって，数の概念が実数から複素数へと拡張される．$i = \sqrt{-1}$ を**虚数単位**とよび，$i^2 = -1$ である．i と2つの実数 a, b を組み合わせることによって，複素数 $z = a + ib$ が定義される．

　2つの実数 a, b を xy 座標の点 $\mathrm{P}(a, b)$ に対応させると，複素数 z は，図1.6のように xy 平面上の点として表すことができ，さらに，点 P の位置ベクトル $\overrightarrow{\mathrm{OP}} = (a, b)$ にも対応させることができる．図1.6より，$a = \sqrt{a^2 + b^2} \cos\theta$, $b = \sqrt{a^2 + b^2} \sin\theta$ であるから，$z = a + ib = \sqrt{a^2 + b^2} \cos\theta + i\sqrt{a^2 + b^2} \sin\theta$ と表すことができ，オイラーの公式へとつながっていく．

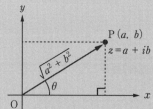

図1.6　複素数と位置ベクトルの関係

$x = e^{\lambda t}$ を t で微分すると

$$\dot{x} = \lambda e^{\lambda t}, \quad \ddot{x} = \lambda^2 e^{\lambda t} \tag{1.24}$$

となる．これらを $\ddot{x} + \omega_0^2 x = 0$ に代入すると

$$\lambda^2 e^{\lambda t} + \omega_0^2 e^{\lambda t} = 0$$

となるから，次のように整理できる．

$$(\lambda^2 + \omega_0^2)\, e^{\lambda t} = 0 \tag{1.25}$$

これより $\lambda^2 + \omega_0^2 = 0$ または $e^{\lambda t} = 0$ であるが，$e^{\lambda t} = 0$ は $x = 0$ ということであるから，おもりが振動しない解である．したがって，ここでは $e^{\lambda t} \neq 0$ として $\lambda^2 + \omega_0^2 = 0$ を採用することにする．このとき，λ に関する方程式は**特性方程式**とよばれている．

次のように，特性方程式を解くと 2 つの λ の値が求められる．

$$\lambda^2 + \omega_0{}^2 = 0 \qquad (\text{特性方程式}) \tag{1.26}$$

$$\lambda^2 = -\omega_0{}^2$$

$$\therefore \quad \lambda = \pm\sqrt{-\omega_0{}^2} = \pm\omega_0\sqrt{-1} = \pm i\omega_0 \tag{1.27}$$

さて，$\lambda_1 = i\omega_0$，$\lambda_2 = -i\omega_0$ とおくと，$\ddot{x} + \omega_0{}^2 x = 0$ の特解は次のようにおくことができる．

$$x_1 = e^{i\omega_0 t}, \qquad x_2 = e^{-i\omega_0 t} \tag{1.28}$$

解の和も解であるから，一般解は A，B を任意定数として次のように書くことができる．

$$x = Ax_1 + Bx_2 = Ae^{i\omega_0 t} + Be^{-i\omega_0 t} \tag{1.29}$$

ここで，**オイラーの公式** $\boxed{e^{i\theta} = \cos\theta + i\sin\theta}$ より，$e^{i\omega_0 t}$ と $e^{-i\omega_0 t}$ は次のように表される．

$$e^{i\omega_0 t} = \cos\omega_0 t + i\sin\omega_0 t \tag{1.30}$$

$$e^{-i\omega_0 t} = \cos(-\omega_0 t) + i\sin(-\omega_0 t) = \cos\omega_0 t - i\sin\omega_0 t \tag{1.31}$$

これらを (1.29) に代入すると，x は次のようになる．

$$\begin{aligned} x &= A(\cos\omega_0 t + i\sin\omega_0 t) + B(\cos\omega_0 t - i\sin\omega_0 t) \\ &= (A + B)\cos\omega_0 t + i(A - B)\sin\omega_0 t \end{aligned} \tag{1.32}$$

なお，x は位置を表す変数であるから実数である．そのためには，$A + B$ および $i(A - B)$ はともに実数でなければならない．そこで，c_1，c_2 を実数として次のようにおいてみる．

$$c_1 = A + B, \qquad c_2 = i(A - B) \tag{1.33}$$

A と B がどのような数であれば c_1，c_2 が実数になるか，その条件を以下に求めることにする．(1.33) の右側の式に i を掛けると，$ic_2 = -(A - B)$ となる．これと c_1 との差および和を求めると，

$$\begin{array}{ll} \quad c_1 = A + B & \quad c_1 = A + B \\ \underline{-)\ ic_2 = -(A - B)} & \underline{+)\ ic_2 = -(A - B)} \\ \quad c_1 - ic_2 = 2A & \quad c_1 + ic_2 = 2B \end{array}$$

であるから，A と B は次のように書くことができる．

$$A = \frac{c_1}{2} - i\frac{c_2}{2}, \qquad B = \frac{c_1}{2} + i\frac{c_2}{2} \tag{1.34}$$

したがって，c_1 と c_2 が共に実数であるためには，定数 A と B が互いに**共役複素数**であればよいことがわかる．

NOTE 1.11　共役複素数

$a + ib$ と $a - ib$ のように足すと実数 $2a$，引くと虚数 $2ib$ になるような複素数を，互いに**共役複素数**という．

以上から，（1.32）で示した一般解は次のように実数の形で書くことができる.

$$x = c_1 \cos \omega_0 t + c_2 \sin \omega_0 t \qquad (c_1 \text{ と } c_2 \text{ は任意の実数}) \tag{1.35}$$

これは，前述の（1.21）と同じであるから，三角関数の合成により

$$x = a \sin(\omega_0 t + \varphi) \qquad (a, \varphi \text{ は任意の実数}) \tag{1.36}$$

という形に書き直すことができ，（1.22）と同じ結果を得る.

例題 1.2

$x = e^{\lambda t}$ として，微分方程式

$$\ddot{x} + 4x = 0 \qquad\qquad\qquad ①$$

の一般解を求めなさい.

解　特解を $x = e^{\lambda t}$（λ を未定定数とし，$e^{\lambda t} \neq 0$）と仮定すると，$\dot{x} = \lambda e^{\lambda t}$, $\ddot{x} = \lambda^2 e^{\lambda t}$ である.
これらを①に代入して λ を求めると，

$$\lambda^2 e^{\lambda t} + 4e^{\lambda t} = 0 \qquad (\lambda^2 + 4)e^{\lambda t} = 0$$

$$\lambda^2 + 4 = 0 \qquad \therefore \lambda = \pm\sqrt{-4} = \pm 2i$$

が得られる. よって，$\lambda_1 = 2i$, $\lambda_2 = -2i$ とおくと，2つの特解は次のようになる.

$$x_1 = e^{\lambda_1 t} = e^{2it}, \qquad x_2 = e^{\lambda_2 t} = e^{-2it}$$

したがって，A と B を任意の定数として，解の和も解であることを用いれば，一般解は次のようになる.

$$x = Ax_1 + Bx_2 = Ae^{2it} + Be^{-2it} = A(\cos 2t + i \sin 2t) + B(\cos 2t - i \sin 2t)$$
$$= (A + B)\cos 2t + i(A - B)\sin 2t$$

途中の計算にオイラーの公式を用いた. ここで，x は実数であるから，$A + B$ および $i(A - B)$ はともに実数でなければならない. そこで，c_1 と c_2 を実数として $c_1 = A + B$, $c_2 = i(A - B)$ とおくと，一般解は

$$x = c_1 \cos 2t + c_2 \sin 2t$$

となる.

さらに，$c_1 = a \sin\varphi$, $c_2 = a \cos\varphi$, $a = \sqrt{c_1{}^2 + c_2{}^2}$ とおいて三角関数の加法定理を用いると，次のように1つの三角関数にまとめることができる.

$$x = c_1 \cos 2t + c_2 \sin 2t = a \sin\varphi \cos 2t + a \cos\varphi \sin 2t$$
$$= a \sin(2t + \varphi) \qquad (a \text{ と } \varphi \text{ は任意の実数}) \qquad\qquad ◆$$

1.2　減衰振動を表す微分方程式の解法

前節において，単振動の運動方程式は $m\ddot{x} = -kx$ と表された. この運動方程式を書き直すと，定数係数をもつ2階の線形微分方程式 $\ddot{x} + \omega_0{}^2 x = 0$ が得られた. ここで，$\omega_0 = \sqrt{k/m}$ は角振動数である. この微分方程式を解くと，a と φ を任意の定数として一般解は $x(t) =$

$a \sin(\omega_0 t + \varphi)$ であった.

　この節では，単振動をする系に"速度に比例する抵抗力"が加わった場合の減衰振動について考えることにする．そのような減衰振動の運動方程式は，単振動の運動方程式 $m\ddot{x} = -kx$ の右辺に速度 $\dot{x}$ に比例する抵抗力（抵抗力は速度と逆向き）を加えることによって表すことができる．その際，抵抗力の比例係数を $2m\gamma$ とする．（単に γ としてもよいが，$2m\gamma$ とすると途中の式が少しだけ簡単になる．）以上のことを式に表すと，次の運動方程式が得られる.

$$\boxed{m\ddot{x} = -kx - 2m\gamma\dot{x}} \tag{1.37}$$

これを整理すると，次の定数係数をもつ 2 階の線形微分方程式が得られる.

$$\boxed{\ddot{x} + 2\gamma\dot{x} + \omega_0^2 x = 0} \tag{1.38}$$

　（1.38）の解を

$$x = e^{\lambda t} \tag{1.39}$$

と仮定すると

$$\dot{x} = \lambda e^{\lambda t}, \quad \ddot{x} = \lambda^2 e^{\lambda t} \tag{1.40}$$

となるから，これらを（1.38）に代入して変形すると，以下に示す λ に関する 2 次方程式（特性方程式）が得られる.

$$\lambda^2 e^{\lambda t} + 2\gamma\lambda e^{\lambda t} + \omega_0^2 e^{\lambda t} = 0$$
$$(\lambda^2 + 2\gamma\lambda + \omega_0^2) e^{\lambda t} = 0$$
$$\lambda^2 + 2\gamma\lambda + \omega_0^2 = 0 \tag{1.41}$$

なお，恒常的に $x = 0$ でない解を求めるために，$e^{\lambda t} \neq 0$ とした.

　2 次方程式 $ax^2 + bx + c = 0$ の解の公式は $x = (-b \pm \sqrt{b^2 - 4ac})/2a$ であるから，これを用いて方程式（1.41）を解くと次のようになる.

$$\lambda = \frac{-2\gamma \pm \sqrt{(2\gamma)^2 - 4 \cdot 1 \cdot \omega_0^2}}{2 \cdot 1} = \frac{-2\gamma \pm \sqrt{4\gamma^2 - 4\omega_0^2}}{2} = -\gamma \pm \sqrt{\gamma^2 - \omega_0^2}$$
$$\tag{1.42}$$

この 2 つの解をそれぞれ，

$$\lambda_1 = -\gamma + \sqrt{\gamma^2 - \omega_0^2}, \quad \lambda_2 = -\gamma - \sqrt{\gamma^2 - \omega_0^2} \tag{1.43}$$

とおくと，微分方程式（1.38）の 2 つの特解は次のようになる.

$$\left. \begin{array}{l} x_1 = e^{\lambda_1 t} = e^{(-\gamma + \sqrt{\gamma^2 - \omega_0^2})t} \\ x_2 = e^{\lambda_2 t} = e^{(-\gamma - \sqrt{\gamma^2 - \omega_0^2})t} \end{array} \right\} \tag{1.44}$$

ここで，$\gamma^2 - \omega_0^2$ の値が ①負，②正，③0 によって，以下に示すように運動の様子が変わる.

1.2.1　$\gamma^2 - \omega_0^2 < 0$ の場合

　抵抗力が比較的小さくて $\gamma^2 - \omega_0^2 < 0$ の場合について，解を求める.

この場合には，λ_1 と λ_2 は次のように複素数になる．

$$\begin{cases} \lambda_1 = -\gamma + \sqrt{\gamma^2 - \omega_0^2} = -\gamma + \sqrt{-(\omega_0^2 - \gamma^2)} = -\gamma + i\sqrt{(\omega_0^2 - \gamma^2)} & (1.45) \\ \lambda_2 = -\gamma - \sqrt{\gamma^2 - \omega_0^2} = -\gamma - \sqrt{-(\omega_0^2 - \gamma^2)} = -\gamma - i\sqrt{(\omega_0^2 - \gamma^2)} & (1.46) \end{cases}$$

したがって，2つの特解は次のようになる．

$$x_1 = e^{\lambda_1 t} = e^{(-\gamma + i\sqrt{\omega_0^2 - \gamma^2})t}, \qquad x_2 = e^{\lambda_2 t} = e^{(-\gamma - i\sqrt{\omega_0^2 - \gamma^2})t} \tag{1.47}$$

A, B を任意の定数として，解の和も解であることを用いると，(1.38) の一般解は次のようになる．

$$\begin{aligned} x = Ax_1 + Bx_2 &= Ae^{(-\gamma + i\sqrt{\omega_0^2 - \gamma^2})t} + Be^{(-\gamma - i\sqrt{\omega_0^2 - \gamma^2})t} \\ &= Ae^{-\gamma t}\cdot e^{i\sqrt{\omega_0^2 - \gamma^2}\,t} + Be^{-\gamma t}\cdot e^{-i\sqrt{\omega_0^2 - \gamma^2}\,t} \\ &= e^{-\gamma t}(Ae^{i\sqrt{\omega_0^2 - \gamma^2}\,t} + Be^{-i\sqrt{\omega_0^2 - \gamma^2}\,t}) \end{aligned} \tag{1.48}$$

上式にオイラーの公式 $e^{i\theta} = \cos\theta + i\sin\theta$ を適用すると，次のように変形できる．

$$\begin{aligned} x &= e^{-\gamma t}\left\{A\left(\cos\sqrt{\omega_0^2 - \gamma^2}\,t + i\sin\sqrt{\omega_0^2 - \gamma^2}\,t\right) + B\left(\cos\sqrt{\omega_0^2 - \gamma^2}\,t - i\sin\sqrt{\omega_0^2 - \gamma^2}\,t\right)\right\} \\ &= e^{-\gamma t}\left\{(A + B)\cos\sqrt{\omega_0^2 - \gamma^2}\,t + i(A - B)\sin\sqrt{\omega_0^2 - \gamma^2}\,t\right\} \end{aligned} \tag{1.49}$$

ここで，x は位置を表す変数であるから実数でなければならない．したがって，$A + B$ と $i(A - B)$ を (1.34) の関係を満たす実数 c_1, c_2 として次のようにおく．

$$c_1 = A + B, \qquad c_2 = i(A - B) \tag{1.50}$$

これを用いると，(1.49) は次のように書くことができる．

$$x = e^{-\gamma t}\left(c_1\cos\sqrt{\omega_0^2 - \gamma^2}\,t + c_2\sin\sqrt{\omega_0^2 - \gamma^2}\,t\right) \tag{1.51}$$

さらに，図 1.7（図 1.4 と同じ，念のため再掲）に示す関係を満たす定数 a と φ を選ぶと，以下に示すように，(1.51) の ( ) のなかは三角関数の加法定理 $\sin(x + y) = \sin x\cos y + \cos x\sin y$ を用いて1つの三角関数に合成することができる．

$$\boxed{\begin{aligned} x(t) &= e^{-\gamma t}\left(c_1\cos\sqrt{\omega_0^2 - \gamma^2}\,t + c_2\sin\sqrt{\omega_0^2 - \gamma^2}\,t\right) \\ &= e^{-\gamma t}\left(a\sin\varphi\cos\sqrt{\omega_0^2 - \gamma^2}\,t + a\cos\varphi\sin\sqrt{\omega_0^2 - \gamma^2}\,t\right) \\ &= ae^{-\gamma t}\left(\sin\varphi\cos\sqrt{\omega_0^2 - \gamma^2}\,t + \cos\varphi\sin\sqrt{\omega_0^2 - \gamma^2}\,t\right) \\ &= ae^{-\gamma t}\sin\left(\sqrt{\omega_0^2 - \gamma^2}\,t + \varphi\right) \end{aligned}} \tag{1.52}$$

これが，抵抗力が小さい場合の減衰振動を表す一般解である．定数 a と φ は，初期条件によって決まる定数である．

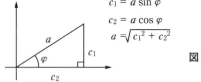

$$c_1 = a\sin\varphi$$
$$c_2 = a\cos\varphi$$
$$a = \sqrt{c_1^2 + c_2^2}$$

図 1.7　三角関数の合成

例題 1.3

微分方程式

$$\ddot{x} + 4\dot{x} + 5x = 0 \qquad\qquad ①$$

の一般解を求めなさい.

解 特解を $x = e^{\lambda t}$ $(e^{\lambda t} \neq 0)$ と仮定すると，$\dot{x} = \lambda e^{\lambda t}$, $\ddot{x} = \lambda^2 e^{\lambda t}$ である.
これらを①に代入して λ を求めると，

$$\lambda^2 e^{\lambda t} + 4\lambda e^{\lambda t} + 5e^{\lambda t} = 0$$

$$(\lambda^2 + 4\lambda + 5)e^{\lambda t} = 0$$

$$\lambda^2 + 4\lambda + 5 = 0$$

$$\lambda = \frac{-4 \pm \sqrt{4^2 - 4 \cdot 5}}{2} = \frac{-4 \pm \sqrt{-4}}{2} = \frac{-4 \pm 2i}{2} = -2 \pm i$$

が得られる. 特性方程式の解をそれぞれ，$\lambda_1 = -2 + i$, $\lambda_2 = -2 - i$ とすれば，①の2つの特解は次のようになる.

$$x_1 = e^{\lambda_1 t} = e^{(-2+i)t}, \qquad x_2 = e^{\lambda_2 t} = e^{(-2-i)t}$$

したがって，A と B を任意の定数として，解の和も解であることを用いると，①の一般解は次のようになる.

$$x = Ax_1 + Bx_2 = Ae^{(-2+i)t} + Be^{(-2-i)t} = Ae^{-2t} \cdot e^{it} + Be^{-2t} \cdot e^{-it}$$

$$= e^{-2t}(Ae^{it} + Be^{-it}) \qquad\qquad ②$$

実数の形の一般解を求めるため，②にオイラーの公式 $e^{i\theta} = \cos\theta + i\sin\theta$ を適用すれば，

$$x = e^{-2t}\{A(\cos t + i\sin t) + B(\cos t - i\sin t)\} = e^{-2t}\{(A+B)\cos t + i(A-B)\sin t\}$$

となる. x が実数であるためには，$A+B$ および $i(A-B)$ がそれぞれ実数でなければならない.
$A+B$ と $i(A-B)$ をそれぞれ実数 c_1, c_2 でおきかえると，x は次のようになる.

$$x = e^{-2t}(c_1\cos t + c_2\sin t)$$

さらに（ ）内は，次のような関係を満たす実定数

$$c_1 = a\sin\varphi, \qquad c_2 = a\cos\varphi, \qquad a = \sqrt{c_1^2 + c_2^2}$$

を用い，三角関数の加法定理を適用すれば

$$x = e^{-2t}(c_1\cos t + c_2\sin t) = e^{-2t}(a\sin\varphi\cos t + a\cos\varphi\sin t)$$

$$= ae^{-2t}(\sin\varphi\cos t + \cos\varphi\sin t) = ae^{-2t}\sin(t+\varphi)$$

のように1つの三角関数に合成することができる. ◆

1.2.2 $\gamma^2 - \omega_0^2 > 0$ の場合

抵抗力が大きくて，$\gamma^2 - \omega_0^2 > 0$ の場合は前出の $\lambda = -\gamma \pm \sqrt{\gamma^2 - \omega_0^2}$ において，平方根のなかが正であり，$\sqrt{\gamma^2 - \omega_0^2} < \gamma$ であるから λ は2つとも負の実数である. 2つの λ をそれぞれ，

$$\lambda_1 = -\gamma + \sqrt{\gamma^2 - \omega_0^2}, \quad \lambda_2 = -\gamma - \sqrt{\gamma^2 - \omega_0^2} \tag{1.53}$$

とおくと，微分方程式の2つの特解は次のようになる．

$$\left.\begin{array}{l} x_1 = e^{\lambda_1 t} = e^{(-\gamma + \sqrt{\gamma^2 - \omega_0^2})t} \\ x_2 = e^{\lambda_2 t} = e^{(-\gamma - \sqrt{\gamma^2 - \omega_0^2})t} \end{array}\right\} \tag{1.54}$$

解の和も解であるから，一般解は c_1 と c_2 を実定数として次のようになる．

$$\boxed{x(t) = c_1 x_1 + c_2 x_2 = c_1 e^{\lambda_1 t} + c_2 e^{\lambda_2 t} = c_1 e^{(-\gamma + \sqrt{\gamma^2 - \omega_0^2})t} + c_2 e^{(-\gamma - \sqrt{\gamma^2 - \omega_0^2})t}} \tag{1.55}$$

これは非周期運動を表す解である．2つの定数 c_1 と c_2 は初期条件によって決まる．

NOTE 1.12 $\lambda_1 = -\gamma + \sqrt{\gamma^2 - \omega_0^2}, \lambda_2 = -\gamma - \sqrt{\gamma^2 - \omega_0^2}$ が負の数であること

例として，$\gamma = 5$，$\omega_0 = 3$ としてみると，$\lambda_1 = -5 + \sqrt{5^2 - 3^2} = -1$，$\lambda_2 = -5 - \sqrt{5^2 - 3^2} = -9$ となり，ともに負の数である．

例題 1.4

微分方程式

$$\ddot{x} + 4\dot{x} + x = 0 \qquad ①$$

の一般解を求めなさい．

解 特解を $x = e^{\lambda t}$ $(e^{\lambda t} \neq 0)$ と仮定すると，$\dot{x} = \lambda e^{\lambda t}$，$\ddot{x} = \lambda^2 e^{\lambda t}$ となる．

これらを①に代入して λ を求めると，

$$\lambda^2 e^{\lambda t} + 4\lambda e^{\lambda t} + e^{\lambda t} = 0$$
$$(\lambda^2 + 4\lambda + 1)e^{\lambda t} = 0$$
$$\lambda^2 + 4\lambda + 1 = 0$$
$$\lambda = \frac{-4 \pm \sqrt{4^2 - 4}}{2} = \frac{-4 \pm \sqrt{12}}{2} = \frac{-4 \pm 2\sqrt{3}}{2} = -2 \pm \sqrt{3}$$

が得られる．$\lambda_1 = -2 + \sqrt{3}$，$\lambda_2 = -2 - \sqrt{3}$ とおくと，2つの特解は次のようになる．

$$x_1 = e^{\lambda_1 t} = e^{(-2 + \sqrt{3})t}, \quad x_2 = e^{\lambda_2 t} = e^{(-2 - \sqrt{3})t}$$

ここで，c_1 と c_2 を任意定数とすれば，①の一般解は次のように求められる．

$$x = c_1 e^{(-2 + \sqrt{3})t} + c_2 e^{(-2 - \sqrt{3})t} \qquad \blacklozenge$$

1.2.3 $\gamma^2 - \omega_0^2 = 0$ の場合

$\gamma^2 - \omega_0^2 = 0$ の場合には，(1.42) で示した特性方程式の解 $\lambda = -\gamma \pm \sqrt{\gamma^2 - \omega_0^2}$ において根号のなかが 0 だから，

$$\lambda = -\gamma \tag{1.56}$$

である．したがって，特性方程式から求められる特解は次の1つだけである．

$$x_1 = e^{-\gamma t} \tag{1.57}$$

そのため，これと線形独立な特解をもう1つ求める必要がある．そこで，もう1つの特解を

$$x_2 = f(t) e^{-\gamma t} \tag{1.58}$$

と仮定して，関数 $f(t)$ がどのような形であれば，x_2 が特解になるかを調べることにする．積の微分法 $(x \cdot y)' = x' \cdot y + x \cdot y'$ を用いて x_2 を t で微分すると，

$$\dot{x}_2 = \dot{f}(t) e^{-\gamma t} - \gamma f(t) e^{-\gamma t} \tag{1.59}$$

$$\ddot{x}_2 = \ddot{f}(t) e^{-\gamma t} - \gamma \dot{f}(t) e^{-\gamma t} - \gamma \dot{f}(t) e^{-\gamma t} + \gamma^2 f(t) e^{-\gamma t}$$

$$= \ddot{f}(t) e^{-\gamma t} - 2\gamma \dot{f}(t) e^{-\gamma t} + \gamma^2 f(t) e^{-\gamma t} \tag{1.60}$$

を得る．

これらを元の微分方程式 $\ddot{x} + 2\gamma\dot{x} + \omega_0^2 x = 0$ に代入すると，次のようになる．

$$(\ddot{f}(t) e^{-\gamma t} - 2\gamma \dot{f}(t) e^{-\gamma t} + \gamma^2 f(t) e^{-\gamma t}) + 2\gamma(\dot{f}(t) e^{-\gamma t} - \gamma f(t) e^{-\gamma t}) + \omega_0^2 f(t) e^{-\gamma t} = 0 \tag{1.61}$$

これを整理すると $\{\ddot{f}(t) + (\omega_0^2 - \gamma^2) f(t)\} e^{-\gamma t} = 0$ となるが，$e^{-\gamma t} \neq 0$ であるから $\ddot{f}(t) + (\omega_0^2 - \gamma^2) f(t) = 0$ となる．さらに，$\omega_0^2 - \gamma^2 = 0$ であるから最終的に

$$\ddot{f}(t) = 0 \tag{1.62}$$

となる．これを時間で積分すると，

$$\dot{f}(t) = c_3 \qquad (c_3 \text{ は任意の定数}) \tag{1.63}$$

となるから，もう一度積分して，次のような $f(t)$ を得る．

$$f(t) = c_3 t + c_4 \qquad (c_3 \text{ と } c_4 \text{ は任意の定数}) \tag{1.64}$$

この形の関数で最も簡単なのは $c_3 = 1$，$c_4 = 0$ とした $f(t) = t$ であるから，(1.58) より，もう1つの特解として次の形の関数を採用することにする．

$$x_2 = t e^{-\gamma t} \tag{1.65}$$

したがって，元の微分方程式の2つの線形独立な特解は次のように表すことができる．

$$x_1 = e^{-\gamma t}, \quad x_2 = t e^{-\gamma t} \tag{1.66}$$

c_1 と c_2 を任意の実数として，解の和も解であることを用いると，一般解は次のようになる．

$$\boxed{x(t) = c_1 x_1 + c_2 x_2 = c_1 e^{-\gamma t} + c_2 t e^{-\gamma t} = e^{-\gamma t}(c_1 + c_2 t)} \tag{1.67}$$

これも非周期運動である．c_1 と c_2 は，初期条件によって決まる定数である．

例題 1.5

微分方程式

$$\ddot{x} + 4\dot{x} + 4x = 0 \qquad\qquad ①$$

の一般解を求めなさい．

解　特解を $x = e^{\lambda t}$ $(e^{\lambda t} \neq 0)$ と仮定すると，$\dot{x} = \lambda e^{\lambda t}$，$\ddot{x} = \lambda^2 e^{\lambda t}$ となる．

これらを①に代入して λ を求めると，

$$\lambda^2 e^{\lambda t} + 4\lambda e^{\lambda t} + 4e^{\lambda t} = 0$$

$$(\lambda^2 + 4\lambda + 4)e^{\lambda t} = 0$$

$$\lambda^2 + 4\lambda + 4 = 0$$

$$\lambda = \frac{-4 \pm \sqrt{4^2 - 4 \cdot 4}}{2} = \frac{-4}{2} = -2$$

が得られる．よって，特解の1つは $x_1 = e^{-2t}$ となる．

次に，

$$x_2 = te^{-2t} \tag{②}$$

とおいて，①に代入して解であるかを調べる．

$\dot{x}_2 = e^{-2t} - 2te^{-2t}$，$\ddot{x}_2 = -2e^{-2t} - 2e^{-2t} + 4te^{-2t}$ を①の左辺に代入すると，以下のようになる．

$$-2e^{-2t} - 2e^{-2t} + 4te^{-2t} + 4(e^{-2t} - 2te^{-2t}) + 4te^{-2t}$$

$$= -4e^{-2t} + 4te^{-2t} + 4e^{-2t} - 8te^{-2t} + 4te^{-2t} = 0$$

よって，イコールが成り立つから②は①の特解である．c_1 と c_2 を任意の定数として，解の和も解であることを用いると，①の一般解は次のように求められる．

$$x = c_1 e^{-2t} + c_2 te^{-2t} = e^{-2t}(c_1 + c_2 t) \qquad\blacklozenge$$

1.3　強制振動を表す微分方程式の解法

本節では，単振動および減衰振動をする系に，角振動数 ω の周期的な外力が加わる場合の運動について考える．

単振動を表す運動方程式 $m\ddot{x} = -kx$ に周期的な外力 $F\cos\omega t$（F は定数）を加えると，運動方程式は次のようになる．

$$\boxed{m\ddot{x} = -kx + F\cos\omega t} \qquad\text{（抵抗力がない強制振動）} \tag{1.68}$$

なお，右辺の ω は周期的外力の角振動数で，単振動の角振動数 ω_0 とは異なることに注意すること．

まず，運動方程式（1.68）の両辺を m で割り，$\omega_0^2 = k/m$ とおくことによって，次の微分方程式が得られる．

$$\boxed{\ddot{x} + \omega_0^2 x = \frac{F}{m}\cos\omega t} \tag{1.69}$$

また，減衰振動を表す運動方程式 $m\ddot{x} = -kx - 2m\gamma\dot{x}$ に周期的な外力 $F\cos\omega t$ が加わると，運動方程式は次のようになる．

$$m\ddot{x} = -kx - 2m\gamma\dot{x} + F\cos\omega t \qquad \text{(抵抗力がある強制振動)} \qquad (1.70)$$

これを整理すると，次の微分方程式が得られる．

$$\ddot{x} + 2\gamma\dot{x} + \omega_0^2 x = \frac{F}{m}\cos\omega t \qquad (1.71)$$

したがって，本節では (1.69) および (1.71) に示した2つの2階の線形微分方程式を解くことが目標である．

これらの微分方程式の一般的な形である

$$\ddot{x} + P(t)\dot{x} + Q(t)x = R(t) \qquad (P(t),\ Q(t),\ R(t) \text{ は } t \text{ の関数}) \qquad (1.72)$$

を解くための手順をまとめる．

手順 I $R(t) = 0$ とおいた同次方程式 $\ddot{x} + P(t)\dot{x} + Q(t)x = 0$ の一般解を求める．

手順 II $\ddot{x} + P(t)\dot{x} + Q(t)x = R(t)$ を満たす特解を1つ探す．

手順 III 一般解 ＝（手順 I の解）＋（手順 II の解）

この手順に従って，(1.69) および (1.71) の解法を以下に示す．

1.3.1 抵抗力が作用しないときの強制振動

ここでは，抵抗力が作用しないときの強制振動を表す次の微分方程式の解法を示す．

$$\ddot{x} + \omega_0^2 x = \frac{F}{m}\cos\omega t \qquad (1.69)^{☆}$$

手順 I $R(t) = 0$ とおいた同次方程式は，

$$\ddot{x} + \omega_0^2 x = 0 \qquad (1.73)$$

である．この方程式の一般解は，すでに単振動の解として次のように求めてある．

$$x_1 = a\sin(\omega_0 t + \varphi) \qquad (1.74)$$

手順 II (1.69) を満たす特解を1つ見つける．右辺が $\cos\omega t$ であるから特解を

$$x_2 = A\cos\omega t \qquad (1.75)$$

と仮定してみる．以下に，x_2 が (1.69) の特解であるための定数 A の条件を求める．

まず，x_2 を t で微分すると $\dot{x}_2 = -A\omega\sin\omega t$, $\ddot{x}_2 = -A\omega^2\cos\omega t$ となる．$\ddot{x}_2 = -A\omega^2 \times \cos\omega t$ と $x_2 = A\cos\omega t$ を (1.69) に代入すると，次のようになる．

$$-A\omega^2\cos\omega t + \omega_0^2 A\cos\omega t = \frac{F}{m}\cos\omega t$$

これを整理すると，次の方程式が得られる．

$$\left\{(\omega_0^2 - \omega^2)A - \frac{F}{m}\right\}\cos\omega t = 0 \qquad (1.76)$$

常に等号が成立するためには，$(\omega_0^2 - \omega^2)A - (F/m) = 0$ であることが必要である．したがって，

$$A = \frac{1}{\omega_0^2 - \omega^2} \frac{F}{m} \tag{1.77}$$

であれば，x_2 は特解になることができる．

以上より，特解は次のようになる．

$$x_2 = \frac{1}{\omega_0^2 - \omega^2} \frac{F}{m} \cos \omega t \tag{1.78}$$

手順Ⅲ (1.74) ＋ (1.78) より，(1.69) の一般解は次のように書くことができる．

$$x(t) = \underbrace{a \sin(\omega_0 t + \varphi)}_{\text{固有振動}} + \underbrace{\frac{1}{\omega_0^2 - \omega^2} \frac{F}{m} \cos \omega t}_{\text{強制振動}} \tag{1.79}$$

(1.79) は，2つの任意定数 a と φ を含むから微分方程式 (1.69) の一般解である．第1項は元の単振動系に由来する固有振動を表し，第2項は系外から加えられた周期的な外力に由来する項である．

1.3.2 速度に比例する抵抗力が作用するときの強制振動

次に，速度に比例する抵抗力が作用する強制振動の方程式の解法を記す．

速度に比例する抵抗力が作用する振動系に，周期的な外力を加えたときの運動方程式は前出の式 (1.70) の通りである．

$$m\ddot{x} = -kx - 2m\gamma\dot{x} + F \cos \omega t \tag{1.70}^{☆}$$

これを整理すると，次の2階の線形微分方程式が得られた．

$$\ddot{x} + 2\gamma\dot{x} + \omega_0^2 x = \frac{F}{m} \cos \omega t \tag{1.71}^{☆}$$

手順Ⅰ $R(t) = 0$ とおいた同次方程式は

$$\ddot{x} + 2\gamma\dot{x} + \omega_0^2 x = 0 \tag{1.80}$$

である．この方程式は前節で，すでに減衰振動の解として以下のように求めてある．

（Ⅰ）　$\gamma^2 - \omega_0^2 < 0$ の場合　　$x(t) = ae^{-\gamma t} \sin\left(\sqrt{\omega_0^2 - \gamma^2}\, t + \varphi\right)$ $\tag{1.52}^{☆}$

（Ⅱ）　$\gamma^2 - \omega_0^2 > 0$ の場合　　$x(t) = c_1 e^{(-\gamma + \sqrt{\gamma^2 - \omega_0^2})t} + c_2 e^{(-\gamma - \sqrt{\gamma^2 - \omega_0^2})t}$ $\tag{1.55}^{☆}$

（Ⅲ）　$\gamma^2 - \omega_0^2 = 0$ の場合　　$x(t) = e^{-\gamma t}(c_1 + c_2 t)$ $\tag{1.67}^{☆}$

手順Ⅱ $\ddot{x} + 2\gamma\dot{x} + \omega_0^2 x = (F/m) \cos \omega t$ の特解を1つ求める．

微分方程式の特解を次のように仮定し，A と δ が満たすべき条件を調べることにする．

$$x(t) = A \cos(\omega t - \delta) \tag{1.81}$$

これを t で微分すると $\dot{x} = -A\omega \sin(\omega t - \delta)$，$\ddot{x} = -A\omega^2 \cos(\omega t - \delta)$ であるから，これらを (1.71) に代入すると次のようになる．

$$- A\omega^2 \cos(\omega t - \delta) + 2\gamma\{- A\omega \sin(\omega t - \delta)\} + \omega_0^2 A \cos(\omega t - \delta) = \frac{F}{m} \cos \omega t \tag{1.82}$$

ここで，三角関数の加法定理

$$\sin(x \pm y) = \sin x \cos y \pm \cos x \sin y \tag{1.83}$$

$$\cos(x \pm y) = \cos x \cos y \mp \sin x \sin y \tag{1.84}$$

を用いると，(1.82) のなかの $\sin(\omega t - \delta)$ と $\cos(\omega t - \delta)$ は次のように書くことができる．

$$\sin(\omega t - \delta) = \sin \omega t \cos \delta - \cos \omega t \sin \delta \tag{1.85}$$

$$\cos(\omega t - \delta) = \cos \omega t \cos \delta + \sin \omega t \sin \delta \tag{1.86}$$

これらを (1.82) に代入すると，次のようになる．

$$- A\omega^2(\cos \omega t \cos \delta + \sin \omega t \sin \delta) - 2A\gamma\omega(\sin \omega t \cos \delta - \cos \omega t \sin \delta)$$
$$+ A\omega_0^2(\cos \omega t \cos \delta + \sin \omega t \sin \delta) = \frac{F}{m} \cos \omega t \tag{1.87}$$

これを，$\cos \omega t$ と $\sin \omega t$ に関して整理すると，

$$(- A\omega^2 \cos \delta + 2A\gamma\omega \sin \delta + A\omega_0^2 \cos \delta) \cos \omega t$$
$$+ (- A\omega^2 \sin \delta - 2A\gamma\omega \cos \delta + A\omega_0^2 \sin \delta) \sin \omega t = \frac{F}{m} \cos \omega t \tag{1.88}$$

となるので，左辺と右辺で $\cos \omega t$ と $\sin \omega t$ の係数を比較して次式を得る．

$$- A\omega^2 \cos \delta + 2A\gamma\omega \sin \delta + A\omega_0^2 \cos \delta = \frac{F}{m} \tag{1.89}$$

$$- A\omega^2 \sin \delta - 2A\gamma\omega \cos \delta + A\omega_0^2 \sin \delta = 0 \tag{1.90}$$

これを整理すると，$\cos \delta$ および $\sin \delta$ に関する次のような連立方程式が得られる．

$$\begin{cases} 2A\gamma\omega \sin \delta + A(\omega_0^2 - \omega^2) \cos \delta = \frac{F}{m} & (1.91) \\[2mm] A(\omega_0^2 - \omega^2) \sin \delta - 2A\gamma\omega \cos \delta = 0 & (1.92) \end{cases}$$

この連立方程式を解いて，$\cos \delta$ および $\sin \delta$ を求めると次のようになる．

$$\cos \delta = \frac{\omega_0^2 - \omega^2}{\{(\omega_0^2 - \omega^2)^2 + 4\gamma^2\omega^2\}A} \frac{F}{m} \tag{1.93}$$

$$\sin \delta = \frac{2\gamma\omega}{\{(\omega_0^2 - \omega^2)^2 + 4\gamma^2\omega^2\}A} \frac{F}{m} \tag{1.94}$$

両式を $\cos^2 \delta + \sin^2 \delta = 1$ に代入すると次のようになる．

$$\left[\frac{\omega_0^2 - \omega^2}{\{(\omega_0^2 - \omega^2)^2 + 4\gamma^2\omega^2\}A} \frac{F}{m}\right]^2 + \left[\frac{2\gamma\omega}{\{(\omega_0^2 - \omega^2)^2 + 4\gamma^2\omega^2\}A} \frac{F}{m}\right]^2 = 1 \tag{1.95}$$

さらに，$1/A^2$ をくくり出すと

$$\frac{1}{A^2}\left[\frac{\omega_0^2 - \omega^2}{\{(\omega_0^2 - \omega^2)^2 + 4\gamma^2\omega^2\}}\frac{F}{m}\right]^2 + \frac{1}{A^2}\left[\frac{2\gamma\omega}{\{(\omega_0^2 - \omega^2)^2 + 4\gamma^2\omega^2\}}\frac{F}{m}\right]^2 = 1$$

となるので，両辺に A^2 を掛けて，$(\omega_0^2 - \omega^2)^2$ と $(2\gamma\omega)^2$ をそれぞれくくり出せば，

$$(\omega_0^2 - \omega^2)^2\left[\frac{1}{\{(\omega_0^2 - \omega^2)^2 + 4\gamma^2\omega^2\}}\frac{F}{m}\right]^2 + (2\gamma\omega)^2\left[\frac{1}{\{(\omega_0^2 - \omega^2)^2 + 4\gamma^2\omega^2\}}\frac{F}{m}\right]^2 = A^2$$

となる．大括弧 [ ] の部分が共通なので，これをくくり出すと

$$A^2 = \{(\omega_0^2 - \omega^2)^2 + 4\gamma^2\omega^2\}\left[\frac{1}{\{(\omega_0^2 - \omega^2)^2 + 4\gamma^2\omega^2\}}\frac{F}{m}\right]^2$$

となる．中括弧 { } の部分が約分できるので

$$A^2 = \frac{1}{\{(\omega_0^2 - \omega^2)^2 + 4\gamma^2\omega^2\}}\left(\frac{F}{m}\right)^2 \tag{1.96}$$

となる．両辺の平方根をとって

$$A = \pm\frac{1}{\sqrt{(\omega_0^2 - \omega^2)^2 + 4\gamma^2\omega^2}}\frac{F}{m} \tag{1.97}$$

を得る．微分方程式の特解は1つあればよいので，＋符号を採用して，

$$A = \frac{1}{\sqrt{(\omega_0^2 - \omega^2)^2 + 4\gamma^2\omega^2}}\frac{F}{m} \tag{1.98}$$

と求めることができる．

次に，$\tan\delta = \sin\delta/\cos\delta$ であるから，$(1.94) \div (1.93)$ より，

$$\tan\delta = \frac{\sin\delta}{\cos\delta} = \frac{\dfrac{2\gamma\omega}{\{(\omega_0^2 - \omega^2)^2 + 4\gamma^2\omega^2\}A}\dfrac{F}{m}}{\dfrac{\omega_0^2 - \omega^2}{\{(\omega_0^2 - \omega^2)^2 + 4\gamma^2\omega^2\}A}\dfrac{F}{m}} = \frac{2\gamma\omega}{\omega_0^2 - \omega^2} \tag{1.99}$$

となり，tan の逆関数をとって，

$$\delta = \tan^{-1}\left(\frac{2\gamma\omega}{\omega_0^2 - \omega^2}\right) \tag{1.100}$$

となる．

A と δ が決定されたので，微分方程式の特解 $x(t) = A\cos(\omega t - \delta)$ が決定されたことになる．この A と δ は，初期条件と無関係に決まっていることがわかる．

手順Ⅲ　一般解 ＝（同次方程式の一般解）＋ $A\cos(\omega t - \delta)$

同次方程式の解は手順Ⅰで示した3つの場合があるので，速度に比例する抵抗力が作用する強制振動の一般解は次の3通りになる．

（Ⅰ）　$\gamma^2 - \omega_0^2 < 0$ の場合

$$x(t) = ae^{-\gamma t}\sin(\sqrt{\omega_0^2 - \gamma^2}\,t + \varphi) + A\cos(\omega t - \delta) \tag{1.101}$$

（II）　$\gamma^2 - \omega_0{}^2 > 0$ の場合

$$x(t) = c_1 e^{(-\gamma + \sqrt{\gamma^2 - \omega_0{}^2})t} + c_2 e^{(-\gamma - \sqrt{\gamma^2 - \omega_0{}^2})t} + A\cos(\omega t - \delta) \tag{1.102}$$

（III）　$\gamma^2 - \omega_0{}^2 = 0$ の場合

$$x(t) = e^{-\gamma t}(c_1 + c_2 t) + A\cos(\omega t - \delta) \tag{1.103}$$

いずれの場合も $A\cos(\omega t - \delta)$ 以外の項は，t を十分大きくとると 0 に近づくので，最終的には強制振動による項 $A\cos(\omega t - \delta)$ だけが残ることになる．

章　末　問　題

【1.1】　微分方程式 $\ddot{x} + 4x = 0$ について，次の関数は解であるかどうか調べなさい．

（1）　$x = 2\sin(2t + 1)$　　（2）　$x = 2e^{2t+1}$　　（3）　$x = e^{i(2t+1)}$　$(i = \sqrt{-1})$

【1.2】　$x = e^{\lambda t}$ とおいて，次の微分方程式の一般解を求めなさい．

（1）　$\ddot{x} + x = 0$　　（2）　$\ddot{x} + 3x = 0$　　（3）　$2\ddot{x} = -3x$

【1.3】　減衰振動を表す微分方程式 $\ddot{x} + 6\pi\dot{x} + 25\pi^2 x = 0$ において，$x = e^{-3\pi t}\sin 4\pi t$ は解であるかどうか調べなさい．

【1.4】　次の微分方程式の一般解を求めなさい．

（1）　$\ddot{x} + 2\dot{x} + 5x = 0$　　（2）　$\ddot{x} + 6\dot{x} + 10x = 0$　　（3）　$\ddot{x} + 2\dot{x} + 2x = 0$

【1.5】　次の微分方程式の一般解を求めなさい．

（1）　$\ddot{x} + 3\dot{x} + 2x = 0$　　（2）　$\ddot{x} + 5\dot{x} + 4x = 0$　　（3）　$\ddot{x} + 4\dot{x} + x = 0$

【1.6】　次の微分方程式の一般解を求めなさい．

（1）　$\ddot{x} + 2\dot{x} + x = 0$　　（2）　$\ddot{x} + 6\dot{x} + 9x = 0$

【1.7】　次の微分方程式の一般解を求めなさい．

（1）　$\ddot{x} + 4x = \sin t$　　（2）　$\ddot{x} + 3x = 2\cos 2t$

【1.8】　以下に示す連立方程式を解いて，a と θ を求めなさい．なお，$a > 0,\ 0 \leqq \theta \leqq \pi$ とする．

（ヒント：$\sin^2\theta + \cos^2\theta = 1$ を用いて a の方程式を導く）

（1）　$\begin{cases} a\sin\theta = 1 \\ a\cos\theta = \sqrt{3} \end{cases}$　　（2）　$\begin{cases} a\sin\theta = \dfrac{3\sqrt{3}}{2} \\ a\cos\theta = -\dfrac{3}{2} \end{cases}$

【1.9】　微分方程式 $\ddot{x} + 4\dot{x} + 5x = 0$ の一般解は $x = ae^{-2t}\sin(t + \varphi)$ で与えられる．初期条件として，「時刻 $t = 0$ において，$x = 0,\ \dot{x} = 1$」が与えられたとき，定数 a および φ を決定しなさい．なお，$a > 0$ および $-\pi/2 \leqq \varphi \leqq \pi/2$ とする．

2. 単 振 動

第1章において，基本的な振動を表す2階の線形微分方程式の解法を学んだ．本章では，ばねとおもりによる単振動について基本事項を説明し，その後に単振動を力学的エネルギーの観点から調べることにする．導入部分において，第1章と重複するところもあるが復習と思って読み進めてもらいたい．

2.1 単 振 動

図2.1に示すように，ばね定数 k [N/m] のばねに質量 m [kg] のおもりをつけて摩擦のない水平な床の上で振動させるとき，おもりは**単振動**する．単振動は**調和振動**ともよばれている．

図2.1(a)のように，ばねが自然長（伸びても縮んでもいないときの長さ）であるときのおもりの位置を $x = 0$ とした座標において，おもりの位置 x は，ばねの伸びまたは縮みに等しい．**フックの法則**によれば，おもりに作用するばねの力は，ばねの伸び縮みに比例する．力の向きも含めてばねの力を $-kx$ と表すことにより，図2.1で示した3つの状態での力を表すことができる．ニュートンの運動法則によれば，物体に力が作用すると，物体には力に比例した加速度が生じる．これを図2.1に適用すると，おもりに関する**運動方程式**は次のようになる．

$$m\ddot{x} = -kx \tag{2.1}$$

ここで，

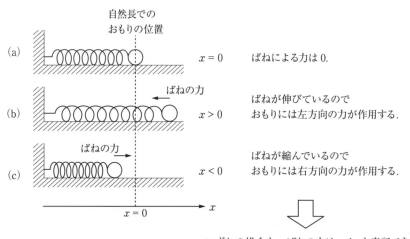

図2.1 ばねによる単振動

$$\omega_0{}^2 = \frac{k}{m} \tag{2.2}$$

とおくことにすると，ω_0 [rad/s] は**角振動数**あるいは**角周波数**とよばれる定数である．(2.2) を用いると，(2.1) は次のように整理できる．

$$\ddot{x} + \omega_0^2 x = 0 \tag{2.3}$$

これは，時間に関する 2 階の線形微分方程式である．この微分方程式を解くと，x の**一般解** は時間の関数として次のように求められた（一般解の求め方については，第 1 章の単振動を表 す微分方程式の解法を参照のこと）．

$$x(t) = a \sin(\omega_0 t + \varphi) \tag{2.4}$$

ここで，x の単位は [m] である．ま た a [m] は**振幅**，φ [rad] は**初期位 相**とよばれる定数である．

　次に，単振動に関する基本事項に ついて，第 1 章と重複する部分もあ るが復習を兼ねて説明する．図 2.2 は図 1.1 とほぼ同じものだが，等速 円運動と単振動の関係を表してい る．半径 a [m] の円周上を点 P が一 定の角速度 ω_0 [rad/s] で等速円運動 しており，その運動を x 軸および y 軸に投影し，時間 t [s] に対してグ ラフに表している．図に示したよう に，それぞれの波形は sin および

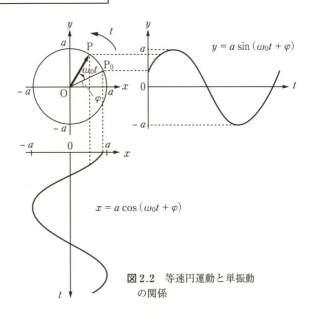

図 2.2　等速円運動と単振動 の関係

cos で表される．図 2.2 では，時刻 $t = 0$ における位相を初期位相 φ [rad] として描いてあるの で，点 P の回転は点 P_0 から始まる．

　点 P は角速度 ω_0 [rad/s] で円運動しているので，点 P が 1 周するのに要する時間である**周 期**は，1 周の中心角 2π [rad] を ω_0 [rad/s] で割って求めることができた．周期を T_0 [s] とすれ ば

$$T_0 = \frac{2\pi}{\omega_0} \tag{2.5}$$

と表された．また，**振動数（周波数**ともいう）f_0 [Hz] は周期 T_0 の逆数として次のように表さ れた．

$$f_0 = \frac{1}{T_0} \qquad\qquad (2.6)$$

f_0 は T_0 の逆数であるから，f_0 の単位である [Hz] は [1/s] = [s^{-1}] に等しい．振動数（周波数）とは，単位時間当り点 P が円周上を何周するかを表す値である．(2.5) と (2.6) より ω_0 と f_0 の関係は次のようになる．

$$\omega_0 = 2\pi f_0 \qquad\qquad (2.7)$$

例題 2.1

時刻 $t = 0\,\mathrm{s}$ において，$x = 0\,\mathrm{m}$，$\dot{x} = 1\,\mathrm{m/s}$ という初期条件が与えられたとき，単振動を表す一般解

$$x = a \sin\left(\frac{\pi}{2} t + \varphi\right) \qquad\qquad ①$$

の定数 $a\,[\mathrm{m}]$ および $\varphi\,[\mathrm{rad}]$ を決定しなさい．なお，$a > 0$ とする．また，時間 t に対して，位置 x がどのように変化するかグラフに示しなさい．

解

$$x = a \sin\left(\frac{\pi}{2} t + \varphi\right) \qquad\qquad ①$$

① を時間 t で微分することによって速度 v を求める．微分する際は合成関数の微分法を適用して，

$$v = \dot{x} = \frac{\pi}{2} a \cos\left(\frac{\pi}{2} t + \varphi\right) \qquad\qquad ②$$

となる．$t = 0$，$x = 0$，$\dot{x} = 1$ を①と②に代入すると，①より

$$0 = a \sin\varphi \qquad\qquad ③$$

②より

$$1 = \frac{\pi}{2} a \cos\varphi \qquad\qquad ④$$

を得る．$a \neq 0$ であるから③より $\sin\varphi = 0$，④より $\cos\varphi = 2/\pi a$ となる．両式を三角関数の公式 $\sin^2\varphi + \cos^2\varphi = 1$ に代入すると $0^2 + (2/\pi a)^2 = 1$ となるから $a = 2/\pi$ となる．③と④より $\sin\varphi = 0$，$\cos\varphi = 1$ だから $\varphi = 0$ となる．

したがって，① は $x = (2/\pi) \sin(\pi t/2)$ となるので，t を横軸にしてプロットすると図 2.3 のグラフを得る．

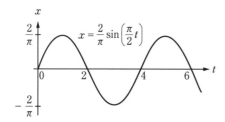

図 2.3　単振動の変位の様子

NOTE 2.1　単振り子

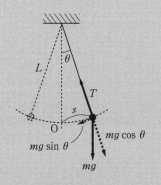

　長さ L の軽い糸に質量 m のおもりを吊るした単振り子について，半径 L の円周に沿った座標を考える．

　おもりの最下点 O から現在のおもりの位置（振れ角 θ）まで，円周に沿った距離を s とすると $s = L\theta$ である．したがって，おもりの速度は $v = \dot{s} = L\dot{\theta}$，加速度は $a = \ddot{s} = L\ddot{\theta}$ である．重力 mg の接線方向の成分は $mg\sin\theta$ であるが，θ の向きとは逆であるから，接線方向の力の成分は $F = -mg\sin\theta$ である（図 2.4）．

図 2.4　単振り子

　これらを運動方程式 $ma = F$ に代入すると，$mL\ddot{\theta} = -mg\sin\theta$ となる．これを整理すると $\ddot{\theta} + (g/L)\sin\theta = 0$ となる．ここで，単振り子の振れ角 θ が十分に小さいと仮定すると，$\sin\theta \approx \theta$ と近似できるので，$\ddot{\theta} + (g/L)\theta = 0$ となる．$\omega_0^2 = (g/L)$ とおくと $\ddot{\theta} + \omega_0^2\theta = 0$ となり，ばねによる単振動を表す微分方程式と同じ形となる．

　したがって，一般解は $\theta = \theta_0\sin(\omega_0 t + \varphi)$ となり，その周期は $T = 2\pi/\omega_0 = 2\pi\sqrt{L/g}$ である．

2.2　エネルギー積分

　ここでは，運動方程式 (2.1) の $m\ddot{x} = -kx$ を**エネルギー積分**によって解く方法を示す．ここでは，$\dot{x} = dx/dt$，$\ddot{x} = d^2x/dt^2$ として計算する．

　(2.1) の両辺に速度 dx/dt を掛けて変形すると，次のようになる．

$$m\frac{dx}{dt}\cdot\frac{d^2x}{dt^2} = -kx\frac{dx}{dt}$$

$$m\frac{dx}{dt}\cdot\frac{d^2x}{dt^2} + kx\frac{dx}{dt} = 0 \tag{2.8}$$

この式は，さらに次のようにまとめることができる．

$$\frac{d}{dt}\left\{\frac{1}{2}m\left(\frac{dx}{dt}\right)^2 + \frac{1}{2}kx^2\right\} = 0 \tag{2.9}$$

(2.8) から (2.9) を導くことは難しいが，試しに (2.9) の微分を実行してみると，以下のように (2.8) が得られるので，(2.8) は (2.9) にまとめられることがわかる．

　(2.9) を微分する際に，x および dx/dt を t の関数と見て合成関数の微分法 $dy/dt = (dy/dx)\cdot(dx/dt)$ を用いると，

$$\frac{1}{2} m \cdot 2 \left(\frac{dx}{dt}\right)^{2-1} \cdot \frac{d^2x}{dt^2} + \frac{1}{2} k \cdot 2x^{2-1} \cdot \frac{dx}{dt} = 0$$

となる．これを整理すると，

$$m \frac{dx}{dt} \cdot \frac{d^2x}{dt^2} + kx \frac{dx}{dt} = 0$$

となり，(2.8) が得られた．

次に，(2.9) の両辺を時間 t で積分すると

$$\int \frac{d}{dt} \left\{ \frac{1}{2} m \left(\frac{dx}{dt}\right)^2 + \frac{1}{2} kx^2 \right\} dt = \int 0 \, dt \qquad (2.10)$$

となる．左辺では，積分と微分を互いに逆演算と考えて形式的に $\int \cdots dt$ と $\frac{d}{dt}$ を取り除けばよいので，

$$\frac{1}{2} m \left(\frac{dx}{dt}\right)^2 + \frac{1}{2} kx^2 = C' \qquad (C' \text{ は定数}) \qquad (2.11)$$

が導かれる．C' は未定定数で，これは運動方程式を 1 回積分したときの積分定数に由来するものである．(2.11) の左辺の第 1 項は**運動エネルギー** $(1/2)mv^2$ を表し，第 2 項はばねによる**ポテンシャルエネルギー** $(1/2)kx^2$ を表している．これらの和が定数になるということは，(2.11) は力学的エネルギーに関する**エネルギー保存則**を示している．

NOTE 2.2 不定積分と定積分

積分の上端と下端が書かれていない $\int f(t) \, dt$ のような積分は不定積分とよばれ，積分結果は $\int f(t) \, dt = F(t) + C$ のように原始関数（微分をすると $f(t)$ になる関数のこと）$F(t)$ と積分定数 C の和として求められる．積分定数は，未定定数である．(2.10) は不定積分であるから，左辺と右辺において積分定数がそれぞれ発生するが，両者は未定定数であるから，(2.11) では 2 つの積分定数を 1 つにまとめて右辺に C' と記した．なお，0 の不定積分は $\int 0 \, dt = C$ のように（積分）定数となる．これは，定数 C を微分すると 0 になることからも確認できる．

一方，上端と下端が記されている積分は定積分とよばれ，$\int_a^b f(t) \, dt = [F(t)]_a^b = F(b) - F(a)$ のように計算し，結果は数値として求められる．もし，$f(t) = 0$ であると，原始関数は $F(t) = C$ であるから，$\int_a^b f(t) \, dt = \int_a^b 0 \, dt = [C]_a^b = C - C = 0$ となる．

運動方程式は，時間に関して 2 階の微分方程式であるから，これを解くためには時間 t で 2 回積分する必要がある．しかし，(2.11) は運動方程式を 1 回だけ積分した中間的な結果であるから，**中間積分**とよばれている．中間積分には運動エネルギーとポテンシャルエネルギーが現れるので，**エネルギー積分**ともよばれる．

(2.11) を整理すると次のようになる．

$$\left(\frac{dx}{dt}\right)^2 + \frac{k}{m}x^2 = \frac{2C'}{m} \tag{2.12}$$

ここで,

$$\frac{k}{m} = \omega_0^2 \tag{2.13}$$

$$\frac{2C'}{m} = C \tag{2.14}$$

とおくと (2.12) は,

$$\left(\frac{dx}{dt}\right)^2 + \omega_0^2 x^2 = C \tag{2.15}$$

となる. 未定定数 C は**初期条件**によって決定される. 初期条件とは, 時刻 $t=0$ における位置および速度の値 (ここでは, x および v の値) である.

いま初期条件として, $t=0$ において, $x=x_0$, $dx/dt = v_0$ (x_0 と v_0 は定数) が与えられたとする. これらの条件を (2.15) に代入すると, $v_0^2 + \omega_0^2 x_0^2 = C$ となるので, 定数 C は次のように決定される.

$$C = v_0^2 + \omega_0^2 x_0^2 \tag{2.16}$$

さらに, (2.15) を次のように変形していく.

$$\left(\frac{dx}{dt}\right)^2 = C - \omega_0^2 x^2$$

$$\left(\frac{dx}{dt}\right)^2 = \omega_0^2\left(\frac{C}{\omega_0^2} - x^2\right)$$

$$\frac{dx}{dt} = \pm\,\omega_0\sqrt{\frac{C}{\omega_0^2} - x^2}$$

両辺に dt を掛けると,

$$dx = \pm\,\omega_0\sqrt{\frac{C}{\omega_0^2} - x^2}\,dt$$

となり, 両辺を $\sqrt{(C/\omega_0^2) - x^2}$ で割ると,

$$\frac{dx}{\sqrt{\dfrac{C}{\omega_0^2} - x^2}} = \pm\,\omega_0\,dt \tag{2.17}$$

となる.

この変形によって, 左辺の変数は x だけになり, 右辺の変数は t だけになった. このように, 変数を両辺にそれぞれ分離することを "**変数分離**" という. また, 変数分離によって解くことができる微分方程式は, **変数分離型の微分方程式**とよばれている.

ここで,

$$\frac{C}{\omega_0^2} = a^2 \tag{2.18}$$

とおくと，(2.17) は次のようになる．

$$\frac{dx}{\sqrt{a^2 - x^2}} = \pm\, \omega_0\, dt \qquad\qquad (2.19)$$

(2.19) を積分すると

$$\int \frac{dx}{\sqrt{a^2 - x^2}} = \pm\, \omega_0 \int dt \qquad\qquad (2.20)$$

となる．後の **NOTE 2.3** に記した積分公式を用いて積分を実行すると，次のようになる．

$$\sin^{-1}\left(\frac{x}{a}\right) = \pm\, \omega_0 t + \varphi \qquad (\varphi は任意の定数) \qquad (2.21)$$

　上式の $\pm\, \omega_0$ のマイナス符号は，図 2.2 で示した等速円運動と単振動の関係において，点 P が時計回りに回転することに相当すると考えて，ここではプラス符号を採用する．両辺を sin のなかに入れると

$$\sin\left\{\sin^{-1}\left(\frac{x}{a}\right)\right\} = \sin\left(\omega_0 t + \varphi\right) \qquad\qquad (2.22)$$

となる．sin と $\sin^{-1}$ は互いに逆関数であるから，

$$\frac{x}{a} = \sin\left(\omega_0 t + \varphi\right)$$

となる．

　したがって，最終的な解として，

$$\boxed{x(t) = a\sin\left(\omega_0 t + \varphi\right)} \qquad\qquad (2.23)$$

を得る．これは，(2.4) に示した一般解と同じ結果である．

NOTE 2.3　積分公式 $\quad I = \displaystyle\int \frac{dx}{\sqrt{a^2 - x^2}}$

　$x = a\sin\theta$ とおいて，両辺を θ で微分すると $dx/d\theta = a\cos\theta$ となる．さらに，両辺に $d\theta$ を掛けて $dx = a\cos\theta \cdot d\theta$ を得る．これを用いて，与式に対して次のような置換積分を行う．

$$I = \int \frac{a\cos\theta}{\sqrt{a^2 - a^2\sin^2\theta}}\, d\theta = \int \frac{a\cos\theta}{\sqrt{a^2(1 - \sin^2\theta)}}\, d\theta = \int \frac{a\cos\theta}{a\sqrt{\cos^2\theta}}\, d\theta = \int d\theta = \theta + C \quad ①$$

　一方，$x = a\sin\theta$ より $\sin\theta = x/a$ である．この両辺を sin の逆関数である $\sin^{-1}$（「アークサイン」と読む）のなかに入れると，$\sin^{-1}(\sin\theta) = \sin^{-1}(x/a)$ となる．左辺は，$\sin^{-1}$ と sin が互いに逆関数なので作用が打ち消し合うから θ となる．したがって，$\theta = \sin^{-1}(x/a)$ である．これを ① に代入して，次式を得る．

$$I = \int \frac{dx}{\sqrt{(a^2 - x^2)}} = \sin^{-1}\frac{x}{a} + C$$

2.3 単振動のエネルギー

ばね定数 k [N/m] のばねに質量 m [kg] のおもりをつないで，振動させたときの運動は運動方程式 $m\ddot{x} = -kx$ によって記述される．そして，この方程式の一般解 x [m] は a [m] と φ [rad] を定数として $x = a\sin(\omega_0 t + \varphi)$，$\omega_0 = \sqrt{k/m}$ と表された．これを時間 t で微分することにより，おもりの速度は次のようになる．

$$v = \dot{x} = \omega_0 a \cos(\omega_0 t + \varphi) \tag{2.24}$$

これを用いて，時刻 t におけるおもりの運動エネルギーは次のように求められる．

$$E_{\mathrm{K}} = \frac{1}{2}mv^2 = \frac{1}{2}m\dot{x}^2 = \frac{1}{2}m\{\omega_0 a \cos(\omega_0 t + \varphi)\}^2 = \frac{1}{2}ma^2\omega_0^2\cos^2(\omega_0 t + \varphi) \tag{2.25}$$

また，ばねに蓄えられるポテンシャルエネルギーは，x を用いて次のように求められる．

$$E_{\mathrm{P}} = \frac{1}{2}kx^2 = \frac{1}{2}m\omega_0^2\{a\sin(\omega_0 t + \varphi)\}^2 = \frac{1}{2}ma^2\omega_0^2\sin^2(\omega_0 t + \varphi) \tag{2.26}$$

> $\omega_0^2 = \dfrac{k}{m}$ より $k = m\omega_0^2$.

振動の全エネルギー E は，運動エネルギーとポテンシャルエネルギーの和であるから，次のようになる．

$$E = E_{\mathrm{K}} + E_{\mathrm{P}} = \frac{1}{2}ma^2\omega_0^2\cos^2(\omega_0 t + \varphi) + \frac{1}{2}ma^2\omega_0^2\sin^2(\omega_0 t + \varphi)$$

$$= \frac{1}{2}ma^2\omega_0^2\{\cos^2(\omega_0 t + \varphi) + \sin^2(\omega_0 t + \varphi)\} = \frac{1}{2}ma^2\omega_0^2$$

> $\omega_0 = 2\pi f_0$

$$= \frac{1}{2}ma^2(2\pi f_0)^2 = 2\pi^2 m f_0^2 a^2 \tag{2.27}$$

したがって，単振動の全エネルギーは時間に対して一定で，質量 m，振動数 f_0 の2乗，振幅 a の2乗にそれぞれ比例することがわかる．

NOTE 2.4　エネルギーの単位

力の単位は $[\mathrm{N}] = [\mathrm{kg \cdot m/s^2}]$ であるから，これを用いて運動エネルギー $E_{\mathrm{K}} = (1/2)mv^2$ $[\mathrm{kg \cdot m^2/s^2}]$ の単位を，$[\mathrm{kg \cdot m^2/s^2}] = [\mathrm{kg \cdot m/s^2}] \cdot [\mathrm{m}] = [\mathrm{N}] \cdot [\mathrm{m}]$ のように変形する．$[\mathrm{N}] \cdot [\mathrm{m}]$ は仕事の単位に等しく，これを $[\mathrm{J}]$（ジュール）と記す．ばねのポテンシャルエネルギー $E_{\mathrm{P}} = (1/2)kx^2$ についても $[\mathrm{N/m}] \cdot [\mathrm{m}]^2 = [\mathrm{N}] \cdot [\mathrm{m}] = [\mathrm{J}]$ である．

次に，(2.25) および (2.26) で，時間の関数として表された運動エネルギーおよびポテンシャルエネルギーの1周期 T_0 における時間平均をそれぞれ求めると，次のように，それぞれ

全エネルギー E の半分ずつであることがわかる.

$$\cos^2\theta = \frac{1 + \cos 2\theta}{2}$$

$$\overline{E}_{\mathrm{K}} = \frac{1}{T_0}\int_0^{T_0} E_{\mathrm{K}}\,dt = \frac{1}{T_0}\int_0^{T_0} \frac{1}{2}ma^2\omega_0^2\cos^2(\omega_0 t + \varphi)\,dt = \frac{1}{2}ma^2\omega_0^2\frac{1}{T_0}\int_0^{T_0}\cos^2(\omega_0 t + \varphi)\,dt$$

$$= \frac{1}{2}ma^2\omega_0^2\frac{1}{T_0}\int_0^{T_0}\frac{1 + \cos 2(\omega_0 t + \varphi)}{2}\,dt = \frac{1}{4}ma^2\omega_0^2\frac{1}{T_0}\int_0^{T_0}\{1 + \cos 2(\omega_0 t + \varphi)\}\,dt$$

微分すると元に戻る.

$$= \frac{1}{4}ma^2\omega_0^2\frac{1}{T_0}\left[t + \frac{1}{2\omega_0}\sin 2(\omega_0 t + \varphi)\right]_0^{T_0}$$

$\omega_0 T_0 = 2\pi$ を代入すると
$\sin 2(\omega_0 T_0 + \varphi) - \sin 2\varphi$
$= \sin 2(2\pi + \varphi) - \sin 2\varphi$
$= \sin(4\pi + 2\varphi) - \sin 2\varphi$
$= \sin 2\varphi - \sin 2\varphi = 0.$

$$= \frac{1}{4}ma^2\omega_0^2\frac{1}{T_0}\left[(T_0 - 0) + \frac{1}{2\omega_0}\{\sin 2(\omega_0 T_0 + \varphi) - \sin 2(\omega_0 \times 0 + \varphi)\}\right]$$

$$= \frac{1}{4}ma^2\omega_0^2\frac{1}{T_0} \times T_0 = \frac{1}{4}ma^2\omega_0^2 = \frac{1}{2}E \tag{2.28}$$

$$\sin^2\theta = \frac{1 - \cos 2\theta}{2}$$

$$\overline{E}_{\mathrm{P}} = \frac{1}{T_0}\int_0^{T_0} E_{\mathrm{P}}\,dt = \frac{1}{T_0}\int_0^{T_0} \frac{1}{2}ma^2\omega_0^2\sin^2(\omega_0 t + \varphi)\,dt = \frac{1}{2}ma^2\omega_0^2\frac{1}{T_0}\int_0^{T_0}\sin^2(\omega_0 t + \varphi)\,dt$$

$$= \frac{1}{2}ma^2\omega_0^2\frac{1}{T_0}\int_0^{T_0}\frac{1 - \cos 2(\omega_0 t + \varphi)}{2}\,dt = \frac{1}{4}ma^2\omega_0^2\frac{1}{T_0}\int_0^{T_0}\{1 - \cos 2(\omega_0 t + \varphi)\}\,dt$$

微分すると元に戻る.

$$= \frac{1}{4}ma^2\omega_0^2\frac{1}{T_0}\left[t - \frac{1}{2\omega_0}\sin 2(\omega_0 t + \varphi)\right]_0^{T_0}$$

$$= \frac{1}{4}ma^2\omega_0^2\frac{1}{T_0}\left[(T_0 - 0) - \frac{1}{2\omega_0}\{\sin 2(\omega_0 T_0 + \varphi) - \sin 2(\omega_0 \times 0 + \varphi)\}\right]$$

$\omega_0 T_0 = 2\pi$ を代入する.

$$= \frac{1}{4}ma^2\omega_0^2\frac{1}{T_0} \times T_0 = \frac{1}{4}ma^2\omega_0^2 = \frac{1}{2}E \tag{2.29}$$

NOTE 2.5 時間平均の図形的解釈

　図 2.5 は,（2.28）と（2.29）で行った計算を視覚的に示すために, $\sin\omega_0 t$ と $\sin^2\omega_0 t$ のグラフを描いた.

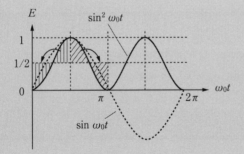

図 2.5　単振動のエネルギーの時間
平均. $x = a\sin(\omega_0 t + \varphi)$ におい
て $a = 1$, $\varphi = 0$ とした.

　$\sin\omega_0 t$ のグラフは半周期がプラスで残りの半周期がマイナスの値をとるから, 1 周期で平均すると 0 になってしまう. 一方, $\sin^2\omega_0 t$ では図のように面積を移動することによっ

て，高さが $1/2$ の長方形に平均化することができる．$\cos^2 \omega_0 t$ についても同様に平均値は $1/2$ になる．1 周期の時間平均 $\overline{E_K}$ と $\overline{E_P}$ がそれぞれ全エネルギー E の半分になるのは，このことによる．

章　末　問　題

【2.1】　1秒間に等間隔で 10 回点滅する LED（Light Emitting Diode：発光ダイオード）がある（図 2.6）．この光源について以下の問いに答えなさい．

（1）　点滅の周波数 f [Hz] を求めなさい．

（2）　点滅の周期 T [s] を求めなさい．

図 2.6

【2.2】　時刻 t [s] におけるおもりの位置が，$x = 2 \sin \{2\pi t + (\pi/2)\}$ [m] で表される単振動について以下の問いに答えなさい．

（1）　単振動の角振動数 ω_0 [rad/s] を求めなさい．

（2）　単振動の周期 T_0 [s] を求めなさい．

（3）　単振動の周波数 f_0 [Hz] を求めなさい．

（4）　単振動の初期位相 φ [rad] を書きなさい．

（5）　単振動の振幅 a [m] を書きなさい．

（6）　この単振動はどのような等速円運動と対応しているか，グラフを用いて説明しなさい．

【2.3】　質量 $m = 2\,\mathrm{kg}$ のおもりがばね定数 $k = 6\,\mathrm{N/m}$ のばねにつながれて単振動しているとき，おもりの運動方程式 $m\ddot{x} = -kx$ は

$$2\frac{d^2x}{dt^2} = -6x \qquad\qquad ①$$

と表される．以下の問いに答えなさい．

（1）　$x_1 = \cos(\sqrt{3}t)$ と $x_2 = \sin(\sqrt{3}t)$ は，ともに①の解であることを示しなさい．

（2）　$x_3 = 2\cos(\sqrt{3}t + \pi)$ は，①の解であることを示しなさい．

【2.4】　時刻 t [s] におけるおもりの変位が $x = 4\cos(3\pi t + \pi)$ [m] で与えられるとき，以下の問いに答えなさい．解答には単位をつけること．

（1）　振動の周期 T_0 および振動数 f_0 を求めなさい．

（2）　振動の振幅 a および初期位相 φ を求めなさい．

（3）　$t = 0.25\,\mathrm{s}$ における，おもりの位置 $x_{t=0.25}$ を求めなさい．

（4）　時刻 t における，おもりの速度 v および加速度 α を求めなさい．

（5）　速度 v の大きさの最大値および加速度 α の大きさの最大値を，それぞれ求めなさい．

【2.5】　時刻 $t = 0$ において，$x = 0$, $\dot{x} = 2$ という初期条件が与えられたとき，

$$x = a\sin(\pi t + \varphi) \qquad\qquad ②$$

の定数 a（> 0）および φ を決定しなさい．また，時間 t に対して，位置 x がどのように変化するか
グラフに示しなさい．

【2.6】 質量が $(1/2\pi^2)$ kg のおもりを，ばね定数 k [N/m] のばねにつないで摩擦のない水平な床の上
で振動させたとき，時刻 t [s] における変位は $x = 2\sin\pi t$ [m] であった．以下の問いに答えなさ
い．

（1） 振動の角振動数 ω_0 [rad/s] を求めなさい．また，$\omega_0 = \sqrt{k/m}$ であることを用いて，ばね定数
k [N/m] を求めなさい．

（2） 時刻 t [s] における，おもりの運動エネルギー E_K [J] を求めなさい．

（3） 時刻 t [s] における，ばねのポテンシャルエネルギー E_P [J] を求めなさい．

（4） 全エネルギー E [J] を求めなさい．

【2.7】 図 2.7 のように滑らかな床の上で，ばね定数 k [N/m] のばね
に質量 $m = 0.2$ kg のおもりをつけて振動させるとき，以下の問い
に答えなさい．

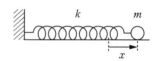

図 2.7

（1） 振動の周期が $T_0 = 0.25$ s であるとき，振動の角振動数 ω_0
[rad/s] を求めなさい．

（2） $\omega_0 = \sqrt{k/m}$ であることを用いて，ばね定数 k [N/m] を求めなさい．

（3） 系の全エネルギーが $E = 10$ J であるとき，振動の振幅 a [m] を求めなさい．なお，$x = a \times$
$\sin(\omega_0 t + \varphi)$ として計算しなさい．（ヒント：$E = E_K + E_P = (1/2)mv^2 + (1/2)kx^2$ を用いる）

【2.8】 周波数が 50 Hz，電圧振幅 $V_0 = 141$ V の正弦波の交流電圧 $V = V_0 \sin\omega_0 t$ について，
$V^2 = V_0{}^2 \sin^2\omega_0 t$ の 1 周期分の時間平均を $\overline{V^2} = \dfrac{1}{T_0}\displaystyle\int_0^{T_0} V^2 dt$ によって求めなさい．次に，実効値
V_{rms} を $V_{\mathrm{rms}} = \sqrt{\overline{V^2}}$ によって求めなさい．なお，rms（root mean square）は，2 乗した値の平均値
の平方根を意味する略語である．

3. 減衰振動と強制振動

単振動する系に抵抗力が作用すると減衰振動となり，周期的な外力が作用すると強制振動となる．この章では，これらの振動を特徴づけるパラメータと初期条件の与え方によって，どのような振動になるかを調べることにする．

3.1 減衰振動

単振動する系に抵抗力を与えることによって，**減衰振動**を起こすことができる．図 3.1 は，天井から吊るしたばね定数 k [N/m] のばねに質量 m [kg] のおもりを接続し，おもりに取りつけた抵抗板によって液体から抵抗力を受ける様子を表している．抵抗板の面積あるいは液体の粘度を変えることによって，抵抗力を変えることができるようになっている．このモデルを用いて，単振動する系に "速度に比例する抵抗力" が加わった場合の減衰振動について考えることにする．

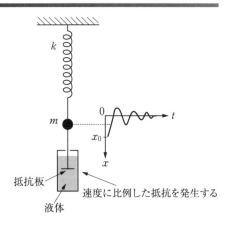

図 3.1 減衰振動を起こす装置

減衰振動の運動方程式は，単振動を表す運動方程式 $m\ddot{x} = -kx$ の右辺に抵抗力を加えることによって表すことができる．その際，抵抗力の比例係数を $2m\gamma$ とする．比例係数は単に γ としてもよいが，$2m\gamma$ とすると途中の式が少しだけ簡単になる．抵抗力は速度と逆向きなので，符号はマイナスとする．

$$m\ddot{x} = -kx - 2m\gamma\dot{x} \tag{3.1}$$

これを整理すると，次の定数係数をもつ同次形の 2 階の線形微分方程式が得られる．

$$\ddot{x} + 2\gamma\dot{x} + \omega_0^2 x = 0 \tag{3.2}$$

第 1 章で示したように，この方程式の一般解は次の 3 通りがある（なお，一般解の求め方については，第 1 章の減衰振動を表す微分方程式の解法を参照のこと）．

（I）　$\gamma^2 - \omega_0^2 < 0$ の場合　$$x = ae^{-\gamma t}\sin\left(\sqrt{\omega_0^2 - \gamma^2}\,t + \varphi\right) \tag{3.3}$$

（Ⅱ）　$\gamma^2 - \omega_0^2 > 0$ の場合

$$x = c_1 e^{(-\gamma + \sqrt{\gamma^2 - \omega_0^2})t} + c_2 e^{(-\gamma - \sqrt{\gamma^2 - \omega_0^2})t} \tag{3.4}$$

（Ⅲ）　$\gamma^2 - \omega_0^2 = 0$ の場合

$$x = e^{-\gamma t}(c_1 + c_2 t) \tag{3.5}$$

NOTE 3.1　γ の単位について

抵抗力 $2m\gamma\dot{x}$ の単位は，$[\mathrm{kg}] \cdot [\gamma \text{の単位}] \cdot [\mathrm{m \cdot s^{-1}}]$ と表される．一方，抵抗力の単位は，$[\mathrm{N}] = [\mathrm{m \cdot kg \cdot s^{-2}}]$ であるから，両者を比べると γ の単位は $[\mathrm{s^{-1}}]$ であることがわかる．

3.1.1　抵抗力が小さい場合の減衰振動

抵抗力が小さくて $\gamma^2 - \omega_0^2 < 0$ が成り立つ場合，$\ddot{x} + 2\gamma\dot{x} + \omega_0^2 x = 0$ の一般解は，1.2.1 項で示したように次の式で表される．

$$x = ae^{-\gamma t} \sin\left(\sqrt{\omega_0^2 - \gamma^2}\, t + \varphi\right) \tag{3.3}^{☆}$$

この解について以下の例題を通して考察することにする．

例題 3.1

時刻 $t = 0$ において，$x = 0$，$\dot{x} = v_0$（$v_0 > 0$）という初期条件が与えられたとき，$x = ae^{-\gamma t} \sin\left(\sqrt{\omega_0^2 - \gamma^2}\, t + \varphi\right)$ の定数 a（> 0）および φ を決定しなさい．また，時間 t に対して，おもりの位置 x がどのように変化するかグラフに示しなさい．

解

$$x = ae^{-\gamma t} \sin\left(\sqrt{\omega_0^2 - \gamma^2}\, t + \varphi\right) \qquad ①$$

積の微分法 $(x \cdot y)' = x' \cdot y + x \cdot y'$ を用いて①を t で微分すると，

$$\dot{x} = -a\gamma e^{-\gamma t} \sin\left(\sqrt{\omega_0^2 - \gamma^2}\, t + \varphi\right) + ae^{-\gamma t}\sqrt{\omega_0^2 - \gamma^2} \cos\left(\sqrt{\omega_0^2 - \gamma^2}\, t + \varphi\right) \qquad ②$$

となる．①に $t = 0$, $x = 0$ を代入すると，

$$0 = ae^0 \sin\varphi \qquad \therefore \quad a\sin\varphi = 0$$

となる．$a \neq 0$ であるから $\sin\varphi = 0$ なので $\varphi = 0$ となる．

$\varphi = \pi$ も解として考えられるが，初期条件 $\dot{x} = v_0$（> 0）が与えられているので，$t = 0$ の直後の x は正でなければならない．したがって，ここでは $\varphi = 0$ を採用する．

②に $t = 0$, $\dot{x} = v_0$（>0），$\varphi = 0$ を代入すると，

$$v_0 = -a\gamma e^0 \sin 0 + ae^0 \sqrt{\omega_0^2 - \gamma^2} \cos 0$$

$$\therefore \quad a = \frac{v_0}{\sqrt{\omega_0^2 - \gamma^2}}$$

となる．したがって，初期条件を考慮した解は次のようになり，そのグラフを図 3.2 に示す．

$$x = \frac{v_0}{\sqrt{\omega_0^2 - \gamma^2}} e^{-\gamma t} \sin\left(\sqrt{\omega_0^2 - \gamma^2}\, t\right) \qquad ③$$

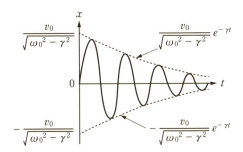

図 3.2 抵抗力が小さいときの減衰
振動の例

　この運動の様子は次のようになる．$t = 0$ で初速度 $v_0 (> 0)$ が与えられたおもりは，x の正の方向に動く．ばねが伸びることによっておもりに復元力が作用し，おもりは x の負の方向に引き戻される．その間，抵抗力によってエネルギーが消費されるのでおもりの振幅は減少する．以後，2 つの破線で描いた範囲内で振幅が減衰しながら，おもりは振動を続ける．　　　　　　　　　◆

3.1.2　抵抗力が大きい場合の減衰振動

　抵抗力が大きくて $\gamma^2 - \omega_0^2 > 0$ である場合，$\ddot{x} + 2\gamma\dot{x} + \omega_0^2 x = 0$ の一般解は，1.2.2 項で示したように c_1 と c_2 を実定数として次のようになる．

$$\boxed{x = c_1 e^{\lambda_1 t} + c_2 e^{\lambda_2 t} = c_1 e^{(-\gamma + \sqrt{\gamma^2 - \omega_0^2})t} + c_2 e^{(-\gamma - \sqrt{\gamma^2 - \omega_0^2})t}} \tag{3.4}^{☆}$$

(3.4) の t の係数 $\lambda_1 = -\gamma + \sqrt{\gamma^2 - \omega_0^2}$ と $\lambda_2 = -\gamma - \sqrt{\gamma^2 - \omega_0^2}$ はどちらも負であるから，2 つの項（指数関数）は時間 t の増加に伴って 0 に収束する．c_1 と c_2 は初期条件によって決まる定数である．この解について，次の例題を通して考察する．

例題 3.2

　$t = 0$ において，$x = x_0$，$\dot{x} = v_0 (x_0 > 0, v_0 > 0)$ という初期条件が与えられたとき，$x = c_1 e^{\lambda_1 t} + c_2 e^{\lambda_2 t} = c_1 e^{(-\gamma + \sqrt{\gamma^2 - \omega_0^2})t} + c_2 e^{(-\gamma - \sqrt{\gamma^2 - \omega_0^2})t}$ の定数 c_1 と c_2 を決定しなさい．また，時間 t に対して，おもりの位置 x がどのように変化するかグラフに示しなさい．

解　x と $\dot{x} = v$ は以下のようになる．

$$\begin{cases} x = c_1 e^{\lambda_1 t} + c_2 e^{\lambda_2 t} & ① \\ \dot{x} = c_1 \lambda_1 e^{\lambda_1 t} + c_2 \lambda_2 e^{\lambda_2 t} & ② \end{cases}$$

両式に $t = 0$，$x = x_0$，$\dot{x} = v_0$ を代入すると，

$$\begin{cases} x_0 = c_1 e^0 + c_2 e^0 \\ v_0 = c_1 \lambda_1 e^0 + c_2 \lambda_2 e^0 \end{cases}$$

となる．

　これを整理すると，c_1 と c_2 に関する次の連立方程式を得る．

$$\begin{cases} c_1 + c_2 = x_0 & ③ \\ c_1 \lambda_1 + c_2 \lambda_2 = v_0 & ④ \end{cases}$$

この連立方程式を解くと，

$$c_1 = \frac{v_0 - \lambda_2 x_0}{\lambda_1 - \lambda_2}, \qquad c_2 = \frac{-v_0 + \lambda_1 x_0}{\lambda_1 - \lambda_2}$$ ⑤

となる．したがって，初期条件を考慮した解は次のようになる．

$$
\begin{aligned}
x &= c_1 e^{\lambda_1 t} + c_2 e^{\lambda_2 t} \\
&= \frac{v_0 - \lambda_2 x_0}{\lambda_1 - \lambda_2} e^{\lambda_1 t} + \frac{-v_0 + \lambda_1 x_0}{\lambda_1 - \lambda_2} e^{\lambda_2 t}
\end{aligned}
$$ ⑥

次に，⑥のグラフの概形を求める．

（1）　まず，⑤で示した c_1 および c_2 の値の符号を調べる．$0 < \sqrt{\gamma^2 - \omega_0^2} < \gamma$ であるから，$\lambda_1 = -\gamma + \sqrt{\gamma^2 - \omega_0^2} < 0$，$\lambda_2 = -\gamma - \sqrt{\gamma^2 - \omega_0^2} < 0$ である．したがって，$x_0 > 0$，$v_0 > 0$ であることと合わせて⑤の分子は，それぞれ $v_0 - \lambda_2 x_0 > 0$，$-v_0 + \lambda_1 x_0 < 0$ である．また，⑤の分母は，

$$\lambda_1 - \lambda_2 = (-\gamma + \sqrt{\gamma^2 - \omega_0^2}) - (-\gamma - \sqrt{\gamma^2 - \omega_0^2}) = 2\sqrt{\gamma^2 - \omega_0^2} > 0$$

であるから $c_1 > 0$，$c_2 < 0$ である．

（2）　$t = 0$ において，初期条件より $x = x_0$，$t \to +\infty$ では，⑥において $\lambda_1 < 0$，$\lambda_2 < 0$ であるから $x \to 0$ である．

（3）　$\dot{x} = 0$ を満たす時刻 t_1 を次のようにして求める．

$x = c_1 e^{\lambda_1 t} + c_2 e^{\lambda_2 t}$ を t で微分して $t = t_1$ とおくと

$$\dot{x}_{(t = t_1)} = c_1 \lambda_1 e^{\lambda_1 t_1} + c_2 \lambda_2 e^{\lambda_2 t_1}$$

である．$\dot{x}(t = t_1) = 0$ であるから，

$$\frac{e^{\lambda_1 t_1}}{e^{\lambda_2 t_1}} = -\frac{c_2 \lambda_2}{c_1 \lambda_1}$$

$$e^{(\lambda_1 - \lambda_2) t_1} = -\frac{c_2 \lambda_2}{c_1 \lambda_1}$$

となる．$c_1 > 0$，$c_2 < 0$，$\lambda_1 < 0$，$\lambda_2 < 0$ であるから，$-c_2 \lambda_2 / c_1 \lambda_1 > 0$ である．両辺の自然対数（底が $e = 2.71828\cdots$ の対数）をとると，

$$\log_e e^{(\lambda_1 - \lambda_2) t_1} = \log_e \left(-\frac{c_2 \lambda_2}{c_1 \lambda_1} \right)$$

> $\log_e (\ )$ と $e^{(\ )}$ は逆関数であることを用いた．

$$(\lambda_1 - \lambda_2) t_1 = \log_e \left(-\frac{c_2 \lambda_2}{c_1 \lambda_1} \right)$$

$$t_1 = \frac{1}{(\lambda_1 - \lambda_2)} \log_e \left(-\frac{c_2 \lambda_2}{c_1 \lambda_1} \right)$$

が得られる．

したがって，時間 t に対する x のグラフは，t_1 において極大値をとり，その後単調に減少する．

（1）～（3）より図3.3を得る．実線のグラフが初期条件を考慮した解を表す．

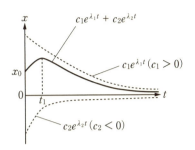

図 3.3 抵抗力が大きい
ときの減衰振動

◆

　図 3.4 は，抵抗力が大きくて $\gamma^2 - \omega_0^2 > 0$ の条件の下で，時刻 $t = 0$ においてばねを x_0 だけ伸ばして運動させる様子を示している．その際，初速度の与え方によっておもりの変位がどのように変わるかを示している．

　図 3.4（a）はおもりを静かに放したときの運動の様子を表しており，このときは $x = 0$ に向かって単調に減衰する．図 3.4（b）は x の正の方向に初速度 v_0 を与えたときの運動の様子を表しており，おもりは $x = x_0$ から正の方向に運動し，瞬間的に静止した後に，速度の向きを変えて $x = 0$ に向かって単調に近づいていく．図 3.4（c）は x の負の方向に初速度 v_0 を与えたときの運動の様子を表しており，おもりは $x = 0$ を通り過ぎてから速度の向きを変えて，$x = 0$ に向かって近づいていくことを表している．いずれの場合も，時間が十分に経過すると $x = 0$ に収束することを示している．

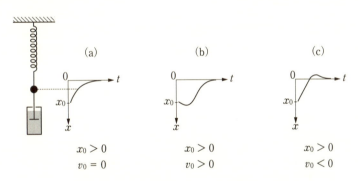

図 3.4 初期値を変えたときの運動の様子

3.1.3 臨界減衰

　$\gamma^2 - \omega_0^2 < 0$ と $\gamma^2 - \omega_0^2 > 0$ の境となる $\gamma^2 - \omega_0^2 = 0$ の場合，$\ddot{x} + 2\gamma\dot{x} + \omega_0^2 x = 0$ の一般解は，1.2.3 項で示したように c_1，c_2 を任意の実数として次のようになる．

$$x = e^{-\gamma t}(c_1 + c_2 t) \tag{3.5}$$ ☆

これも非周期運動であり，**臨界減衰**または**臨界制動**とよばれている．次の例題を通して臨界減

衰について考察する.

例題 3.3

$t = 0$ において, $x = x_0$, $\dot{x} = v_0$ という初期条件が与えられたとき, $x = e^{-\gamma t}(c_1 + c_2 t)$ の定数 c_1 および c_2 を決定しなさい. 次に, $x_0 > 0$ および $v_0 = 0$ として, 時間 t とおもりの位置 x の関係をグラフに示しなさい.

解 時刻 t における質点の位置は

$$x = e^{-\gamma t}(c_1 + c_2 t) \qquad ①$$

であるから, これを t で微分して

$$\dot{x} = -\gamma e^{-\gamma t}(c_1 + c_2 t) + e^{-\gamma t} c_2 \qquad ②$$

となる. 両式に $t = 0$, $x = x_0$, $\dot{x} = v_0$ を代入すると

$$x_0 = e^0(c_1 + 0) \qquad ③$$

$$v_0 = -\gamma e^0(c_1 + 0) + e^0 c_2 \qquad ④$$

となる. $e^0 = 1$ であるから

$$c_1 = x_0, \qquad c_2 = v_0 + \gamma x_0 \qquad ⑤$$

となり, 初期条件を考慮した解は次のように求められる.

$$x = e^{-\gamma t}\{x_0 + (v_0 + \gamma x_0)t\} \qquad ⑥$$

次に, ⑥において $v_0 = 0$ とすると,

$$x = x_0 e^{-\gamma t}(1 + \gamma t) \qquad ⑦$$

となる. x が極大値となる時刻 t を求めるために, ⑦を t で微分すると次のようになる.

$$\dot{x} = -\gamma x_0 e^{-\gamma t}(1 + \gamma t) + \gamma x_0 e^{-\gamma t} = -\gamma^2 x_0 t e^{-\gamma t} \qquad ⑧$$

これより $\dot{x} = 0$ となるのは $t = 0$ であるから, x は $t = 0$ で極大値をとり, その後は t の増加に伴って x は 0 に向かって減少する. したがって, $x = x_0 e^{-\gamma t}(1 + \gamma t)$ のグラフは図 3.5 のようになる. 臨界減衰の場合も, 振動することなく振幅が減衰することがわかる.

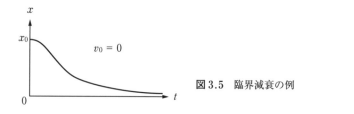

図 3.5 臨界減衰の例

3.2 強 制 振 動

本節では, 単振動あるいは減衰振動するおもりに, 角振動数 ω の周期的な外力が作用するときの運動について考える. 周期的な外力によって引き起こされる振動を**強制振動**という. 強

制振動を考察するに当たって，おもりに抵抗力が作用しない場合と作用する場合の2つの条件で説明する．

図3.6に示すように，摩擦がない水平な床の上に置かれたばね定数 k[N/m] のばねと質量 m[kg] のおもりの系において，おもりに周期的な外力 $F\cos\omega t$[N] を加えると，運動方程式は次のようになる．

$$\boxed{m\ddot{x} = -kx + F\cos\omega t} \qquad \text{(抵抗力がない強制振動)} \qquad (3.6)$$

ω は周期的な外力の角振動数であり，系の固有角振動数 ω_0 とは異なるので注意すること．この運動方程式の両辺を m で割ると，

$$\ddot{x} = -\frac{k}{m}x + \frac{F}{m}\cos\omega t$$

となるので，$\omega_0^2 = k/m$ とおいて次のように整理する．

$$\boxed{\ddot{x} + \omega_0^2 x = \frac{F}{m}\cos\omega t} \qquad (3.7)$$

これは，抵抗力が作用しないときの，強制振動を表す微分方程式である．

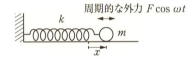

周期的な外力 $F\cos\omega t$

図3.6　単振動するおもりに周期的な外力を加える．

さらに (3.6) に，速度に比例する抵抗力が加わるときの運動方程式は，次のようになる．

$$\boxed{m\ddot{x} = -kx - 2m\gamma\dot{x} + F\cos\omega t} \qquad \text{(抵抗力がある強制振動)} \qquad (3.8)$$

これを整理すると，次の微分方程式が得られる．

$$\boxed{\ddot{x} + 2\gamma\dot{x} + \omega_0^2 x = \frac{F}{m}\cos\omega t} \qquad (3.9)$$

3.2.1　抵抗力が作用しない場合の強制振動

単振動に周期的な外力を加えたときの微分方程式は，(3.7) で示した $\ddot{x} + \omega_0^2 x = (F/m)\cos\omega t$ である．この微分方程式の一般解は次のように求められる（一般解の求め方については，第1章の強制振動を表す微分方程式の解法を参照のこと）．

$$x = \underbrace{a\sin(\omega_0 t + \varphi)}_{\text{固有振動}} + \underbrace{\frac{1}{\omega_0^2 - \omega^2}\frac{F}{m}\cos\omega t}_{\text{強制振動}} \qquad (3.10)$$

第1項は，ばねとおもりからなる系の単振動を表しており，a および φ は初期条件によって決

定される未定定数である．第2項は，周期的な外力によって起こる強制振動を表している．

(3.10) について以下のことがわかる．

（1） 右辺の第1項は外力が作用していないときの単振動を表しており，これを**固有振動**という．

（2） F が大きいか $\omega \fallingdotseq \omega_0$ のときは第1項に比べて第2項は大きくなり，第2項が支配的となる．

（3） $\omega_0 > \omega$ のとき，$\omega_0^2 - \omega^2 > 0$ なので，周期的な外力 $F \cos \omega t$ と第2項は同位相（符号が同じ）となる．

（4） $\omega_0 < \omega$ のとき，$\omega_0^2 - \omega^2 < 0$ なので，周期的な外力 $F \cos \omega t$ と第2項は位相が π だけ異なる．

（5） $\omega_0 = \omega$ のとき，第2項は理論的に $\pm\infty$ となり，x も $\pm\infty$ となる．このような現象を**共振**あるいは**共鳴**という．なお実際の振動では，共振が起きても振幅が無限大になることはない．その理由として次のことが考えられる．

- 振幅がある程度大きくなると，ばねの力が $-kx$ という形で表せなくなり，元の運動方程式が成り立たなくなる．

- 振幅がある程度大きくなると，ばねは伸びきってしまうか，質点は壁にぶつかる．

例題 3.4

初期条件として，$t = 0$ において $x = 0$, $\dot{x} = 0$ が与えられたとき，$x = a \sin (\omega_0 t + \varphi) + [1/(\omega_0^2 - \omega^2)] (F/m) \cos \omega t$ の定数 a および φ $(0 \leqq \varphi \leqq \pi)$ を決定しなさい．また，時間 t と位置 x の関係をグラフに示しなさい．

解 x およびそれを時間 t で微分した $\dot{x}$ は，次のようになる．

$$
\begin{cases}
x = a \sin (\omega_0 t + \varphi) + \dfrac{1}{\omega_0^2 - \omega^2} \dfrac{F}{m} \cos \omega t & \text{①} \\[2mm]
\dot{x} = a \omega_0 \cos (\omega_0 t + \varphi) - \dfrac{1}{\omega_0^2 - \omega^2} \dfrac{F}{m} \omega \sin \omega t & \text{②}
\end{cases}
$$

両式に $t = 0$, $x = 0$, $\dot{x} = 0$ を代入すると，次のようになる．

$$
\begin{cases}
0 = a \sin \varphi + \dfrac{1}{\omega_0^2 - \omega^2} \dfrac{F}{m} & \text{③} \\[2mm]
0 = a \omega_0 \cos \varphi & \text{④}
\end{cases}
$$

④より $\cos \varphi = 0$ だから，$\varphi = \pi/2$ である．これを③に代入して

$$
a = - \frac{F}{m} \frac{1}{\omega_0^2 - \omega^2} \qquad \text{⑤}
$$

となる．

したがって，おもりの位置 x は次のように t の関数として表すことができる．

$$\boxed{\sin\left(\theta + \frac{\pi}{2}\right) = \cos\theta}$$

$$x = -\frac{F}{m}\frac{1}{\omega_0^2 - \omega^2}\sin\left(\omega_0 t + \frac{\pi}{2}\right) + \frac{1}{\omega_0^2 - \omega^2}\frac{F}{m}\cos\omega t$$

$$= -\frac{F}{m}\frac{1}{\omega_0^2 - \omega^2}\cos\omega_0 t + \frac{F}{m}\frac{1}{\omega_0^2 - \omega^2}\cos\omega t = \frac{F}{m}\frac{1}{\omega_0^2 - \omega^2}(\cos\omega t - \cos\omega_0 t) \qquad ⑥$$

この式は, 三角関数の差を積になおす公式 $\cos A - \cos B = -2\sin\{(A-B)/2\}\sin\{(A+B)/2\}$ を用いると,

$$x = \frac{F}{m}\frac{1}{\omega_0^2 - \omega^2}\left\{-2\sin\left(\frac{\omega - \omega_0}{2}t\right)\sin\left(\frac{\omega + \omega_0}{2}t\right)\right\}$$

$$= \frac{F}{m}\frac{2}{\omega_0^2 - \omega^2}\sin\left(\frac{\omega_0 - \omega}{2}t\right)\sin\left(\frac{\omega_0 + \omega}{2}t\right) \qquad ⑦$$

$$\boxed{-\sin\theta = \sin(-\theta) \text{ を用いた.}}$$

のように変形できる.

⑦について次のことがわかる. 最大振幅は $(F/m)\{2/(\omega_0^2 - \omega^2)\}$ である. 角振動数 $(\omega_0 - \omega)/2$ は $(\omega_0 + \omega)/2$ に比べて小さいことから, $\sin\{(\omega_0 - \omega)t/2\}$ のゆるやかな振動のなかに $\sin\{(\omega_0 + \omega)t/2\}$ の振動が繰り返される. その様子を図3.7に示す. これは, **うなり**を表している.

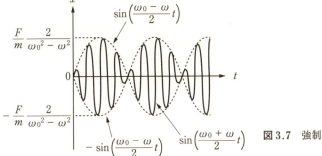

図3.7 強制振動によるうなりの波形

さらに, 外部から加える力の角振動数が系の固有振動数に近い場合, すなわち, $\omega_0 \approx \omega$ のとき $\omega_0 - \omega$ は微小な値であるから, t が小さいうちは⑦において, $\sin\{(\omega_0 - \omega)t/2\} \approx (\omega_0 - \omega)t/2$ という近似が成り立つ.

NOTE 3.2　x が小さいときの近似

$\sin x$ の**マクローリン展開** $\sin x = x - (1/3!)x^3 + (1/5!)x^5 - (1/7!)x^7\cdots$ において, x が小さいとき, x^3 以降はさらに小さい値なので無視できる. よって, x が小さいときは $\sin x \approx x$ と近似できる.

したがって, ⑦は次のように変形することができる.

$$x \approx \frac{F}{m} \frac{2}{\omega_0^2 - \omega^2}\left(\frac{\omega_0 - \omega}{2}t\right)\sin\left(\frac{\omega_0 + \omega}{2}t\right) = \frac{F}{m}\frac{\omega_0 - \omega}{(\omega_0 - \omega)(\omega_0 + \omega)}t \cdot \sin\left(\frac{\omega_0 + \omega}{2}t\right)$$

$$= \frac{F}{m}\frac{1}{\omega_0 + \omega}t\cdot\sin\left(\frac{\omega_0 + \omega}{2}t\right) \approx \frac{F}{m}\frac{1}{2\omega_0}t\cdot\sin\left(\frac{2\omega_0}{2}t\right) = \frac{F}{2m\omega_0}t\cdot\sin\omega_0 t \qquad ⑧$$

> $\omega_0 \approx \omega$ なので, $\omega_0 + \omega \approx \omega_0 + \omega_0 = 2\omega_0$.

これをグラフに表すと図 3.8 のようになる. $\omega_0 \approx \omega$ のとき, 振動開始直後の振幅は, t に比例して大きくなることがわかる.

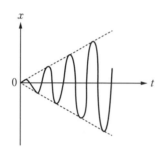

図 3.8 $\omega_0 \approx \omega$ のときの振動の様子

◆

3.2.2   速度に比例する抵抗力が作用する場合の強制振動

単振動する系に, 速度に比例する抵抗力と周期的な外力が作用するときの運動方程式は, (3.8) で示したように $m\ddot{x} = -kx - 2m\gamma\dot{x} + F\cos\omega t$ である. 両辺を m で割って, $\omega_0^2 = k/m$ とおいて整理すると, (3.9) で示したように $\ddot{x} + 2\gamma\dot{x} + \omega_0^2 x = (F/m)\cos\omega t$ という 2 階の線形微分方程式が得られた. この方程式の一般解の求め方については, 第 1 章の強制振動を表す微分方程式の解法にまとめてあるので, ここでは結果だけを再度示すことにする.

抵抗力を表す比例係数 γ と系の固有角振動数 ω_0 の大小関係により, 次の (I) ～ (III) の 3 通りの解が得られる.

(I) $\gamma^2 - \omega_0^2 < 0$ の場合

$$x = ae^{-\gamma t}\sin\left(\sqrt{\omega_0^2 - \gamma^2}\,t + \alpha\right) + A\cos\left(\omega t - \delta\right) \qquad (3.11)$$

(II) $\gamma^2 - \omega_0^2 > 0$ の場合

$$x = c_1 e^{(-\gamma + \sqrt{\gamma^2 - \omega_0^2})t} + c_2 e^{(-\gamma - \sqrt{\gamma^2 - \omega_0^2})t} + A\cos\left(\omega t - \delta\right) \qquad (3.12)$$

(III) $\gamma^2 - \omega_0^2 = 0$ の場合

$$x = e^{-\gamma t}(c_1 + c_2 t) + A\cos\left(\omega t - \delta\right) \qquad (3.13)$$

なお, それぞれの一般解の A および δ は次の通りである.

$$A = \frac{1}{\sqrt{(\omega_0^2 - \omega^2)^2 + 4\gamma^2\omega^2}}\frac{F}{m}, \quad \delta = \tan^{-1}\left(\frac{2\gamma\omega}{\omega_0^2 - \omega^2}\right) \qquad (3.14)$$

それぞれの一般解において $e^{-\gamma t}$ を含む項は減衰振動による項であるから, t を十分大きくとると 0 に近づく. そのため, t が十分に大きい領域では強制振動による項 $A\cos\left(\omega t - \delta\right)$ だけ

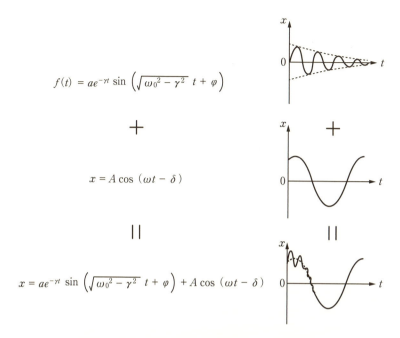

$$f(t) = ae^{-\gamma t} \sin\left(\sqrt{\omega_0^2 - \gamma^2}\ t + \varphi\right)$$

$$+$$

$$x = A\cos\left(\omega t - \delta\right)$$

$$\|$$

$$x = ae^{-\gamma t} \sin\left(\sqrt{\omega_0^2 - \gamma^2}\ t + \varphi\right) + A\cos\left(\omega t - \delta\right)$$

図 3.9　時間の経過とともに強制振動の項だけが残る.

が残ることになる. その様子を（Ⅰ）の場合について図 3.9 に示す.（Ⅱ）,（Ⅲ）についても同様である.

　したがって, 十分に時間が経過した後は, $x = A\cos\left(\omega t - \delta\right)$ だけを考えればよいことがわかる. この式に（3.14）の A を代入すると次のようになる.

$$x = A\cos\left(\omega t - \delta\right) = \frac{1}{\sqrt{(\omega_0^2 - \omega^2)^2 + 4\gamma^2\omega^2}}\ \frac{F}{m}\cos\left(\omega t - \delta\right) \qquad (3.15)$$

　以下に, 係数 A がどのように振舞うかを記す. まず,

$$A = \frac{1}{\sqrt{(\omega_0^2 - \omega^2)^2 + 4\gamma^2\omega^2}}\ \frac{F}{m} \qquad (3.16)$$

の両辺に $m\omega_0^2/F$ を掛けてから次のように変形する.

> 分母と分子に $1/\omega_0^2$ を掛ける.

$$\frac{mA\omega_0^2}{F} = \frac{\omega_0^2}{\sqrt{\omega^4 + 2(2\gamma^2 - \omega_0^2)\omega^2 + \omega_0^4}} = \frac{1}{\sqrt{(\omega/\omega_0)^4 + 2\{2(\gamma/\omega_0)^2 - 1\}(\omega/\omega_0)^2 + 1}}$$

$$(3.17)$$

ここで, 次のように ω と γ を ω_0 で規格化し,

$$\frac{\omega}{\omega_0} = \Omega, \qquad \frac{\gamma}{\omega_0} = D \qquad (3.18)$$

とおく. なお, Ω は周期的な外力の角振動数に比例した量, D は抵抗力に比例した量である.

これらを（3.17）に代入すると

$$\frac{mA\omega_0^2}{F} = \frac{1}{\sqrt{\Omega^4 + 2(2D^2 - 1)\Omega^2 + 1}} \tag{3.19}$$

となる．右辺の Ω に関する関数をいくつかの D の値についてプロットすると，図3.10に示すグラフが得られる．このようなグラフを共振曲線または共鳴曲線という．なお，グラフの縦軸は強制振動による振幅 A に比例した量である．

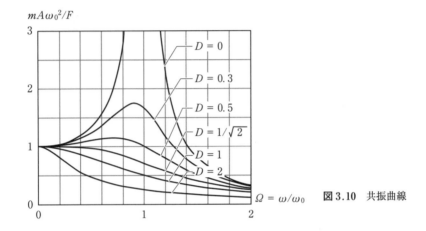

図 3.10　共振曲線

　$D < 1/\sqrt{2}$ では極大値が存在し，極大となる振動数においては共振（共鳴）が起こることを意味する．特に，$D = 0$（抵抗力がない）では，$\Omega = 1$（$\omega = \omega_0$）のときに振幅は無限大となる．一方，$D \geqq 1/\sqrt{2}$ では，グラフに極大値は存在せず，Ω の増加に伴って単調減少することがわかる．

章 末 問 題

【3.1】　減衰振動を表す運動方程式 $m\ddot{x} = -kx - 2m\gamma\dot{x}$ の一般解が，$x = ae^{-\gamma t}\sin(\sqrt{\omega_0^2 - \gamma^2}\,t + \varphi)$ で与えられ，そのグラフが図3.11で与えられるものとする．このとき，$\Delta t = t_2 - t_1$ を求めなさい．

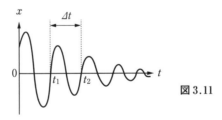

図 3.11

【3.2】　自然長が $L\,[\mathrm{m}]$，ばね定数 $k\,[\mathrm{N/m}]$ のばねの下端に質量 $m\,[\mathrm{kg}]$ のおもりを吊るし，ばねの上

端を周期的に上下に動かす．このとき，ば
ねの上端の位置は $x=0$ を中心として
$A\cos\omega t$ [m] で表されるものとする（図
3.12）．時刻 t [s] におけるおもりの位置を
x [m] として，以下の問いに答えなさい．
なお，ばねの質量およびおもりの体積は考
えないものとする．

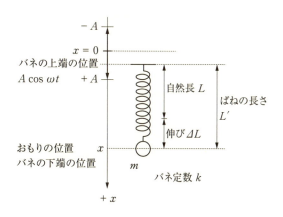

図 3.12

（1）　時刻 t [s] におけるばねの長さ L' [m]，
　　　およびばねの伸び $\Delta L = L' - L$ [m] は，
　　　どのように表されるか示しなさい．

（2）　時刻 t [s] において，おもりに作用す
るばねの力 f [N] を求めなさい．

（3）　時刻 t [s] において，おもりに作用する力をすべて図に書き込みなさい．

（4）　おもりの運動方程式を書きなさい．

（5）　$x = y + L + (mg/k)$，$\omega_0^2 = k/m$ とおくことにより，運動方程式を y に関する微分方程式
　　　に書きかえて整理しなさい．

（6）　（5）で示した微分方程式の同次方程式を書きなさい．また，その一般解を求めなさい．

（7）　（5）で示した微分方程式の特解を1つ求めなさい．

（8）　（5）で示した微分方程式の一般解を求めなさい．

（9）　$\omega \to \omega_0$ のとき，どのような現象が起こるか説明しなさい．

4. 連成振動

　本章ではまず，ばねでつながれた2つの質点による連成振動について，運動方程式の立て方および解き方について説明する．次に，それを応用して多質点系の振動について調べることにする．

4.1 質点の連成振動

　2つまたはそれ以上の振動体が相互に力を及ぼし合っている系における振動を，**連成振動**という．本節では，図4.1に示すように，質量 m の2つのおもりを3つのばねで結んだ系の縦振動を考える．なお，おもりには体積がないものとして，これ以降は**質点**として扱うことにする．ここで，考察する連成振動の条件は次の通りである．

2つの質点の質量	m [kg]
質点の番号	$n = 1, 2$
各ばねの自然長	L [m]
2つの壁の間の距離	$3L$ [m]
ばね1とばね3のばね定数	k [N/m]
ばね2のばね定数	k' [N/m]
つり合いの位置（平衡点）から見た2つの質点の変位	u_1, u_2 [m]
u_1，u_2 は，右方向を ＋，左方向を － とする．	

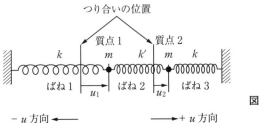

図 4.1　連成振動

　ある瞬間に，質点とばねは図4.1の状態にあったとする．質点の運動方程式を立てるために，それぞれの質点に作用するばねの力について，その向きと大きさを調べることにする．ばねの力を記述するために，力の書式を次のように決める．

（力の向きを表す符号 ±）（ばね定数）（ばねの「伸び」または「縮み」）

	$-$	k	u_1	など
	$+$	k'	$(u_1 - u_2)$	など

（1）　力の向きを表す符号：力が $+u$ 方向のとき「＋」，$-u$ 方向のとき「－」と記す.

（2）　ばね定数：k もしくは k' と記す.

（3）　ばねの「伸び」または「縮み」：$|u_1|$, $|u_1 - u_2|$, $|u_2|$ がばね 1〜3 の「伸び」あるいは「縮み」である.

　　　ばね 1：　$u_1 > 0$（u_1 の矢印が右向き）のとき，$|u_1| = u_1$ がばね 1 の「伸び」である.

　　　　　　　$u_1 < 0$（u_1 の矢印が左向き）のとき，$|u_1| = -u_1$ がばね 1 の「縮み」である.

　　　ばね 2：　2 つの質点の変位のパターン（u_1 と u_2 の向きと大きさの組み合わせ）は，図 4.2 に示す ㋐ 〜 ㋗ のようになる. それぞれの場合について，ばね 2 の「伸び」または「縮み」の表記法を記した.

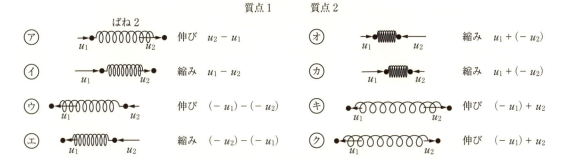

図 4.2　ばね 2 の「伸び」および「縮み」. 矢印は 2 つの質点の変位を表す.

　　　ばね 3：　$u_2 > 0$（u_2 の矢印が右向き）のとき，$|u_2| = u_2$ がばね 3 の「縮み」である.

　　　　　　　$u_2 < 0$（u_2 の矢印が左向き）のとき，$|u_2| = -u_2$ がばね 3 の「伸び」である.

　図 4.1 で示した瞬間において，3 つのばねから 2 つの質点に作用する力を矢印で示し，上記の書式に基づいて，それぞれの力を書き込んだのが次頁の図 4.3 である.

　図 4.3 の ① 〜 ④ で示した力についての説明は次の通りである.

① 　質点 1 がばね 1 から受ける力

　ばね 1 は伸びており，伸びているばねは縮もうとする. したがって，ばね 1 から質点 1 に

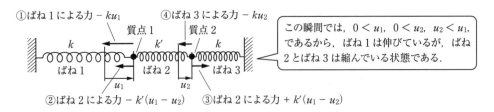

図4.3 ある時刻 t において質点に作用する力

は左方向（$-u$ 方向）の力が作用するので，符号は「$-$（マイナス）」とする．変位 u_1 は $+x$ 方向に矢印が描かれているので，正の値である．以上のことから，ばね 1 から質点 1 に作用する力は，力の書式に従って記すと $-ku_1$ となる．

② 質点 1 がばね 2 から受ける力

$u_1 > u_2$ なので，ばね 2 は縮んでおり，縮んでいるばねは伸びようとする．したがって，ばね 2 から質点 1 には左方向（$-u$ 方向）の力が作用するので，符号は「$-$（マイナス）」とする．変位 u_1 と u_2 はともに正なので，その差 $u_1 - u_2$ は正の値であり，これはばね 2 の縮みである．力の向きを表す符号と併せて，$-k'(u_1 - u_2)$ がばね 2 から質点 1 に作用する力である．

③ 質点 2 がばね 2 から受ける力

②と向きが逆で大きさは同じであるから，符号を「$+$（プラス）」に変えて $+k'(u_1 - u_2)$ である．

④ 質点 2 がばね 3 から受ける力

ばね 3 は縮んでおり，縮んでいるばねは伸びようとするから，質点 2 に作用する力は左方向（$-u$ 方向）である．したがって，符号は「$-$（マイナス）」とする．変位 u_2 は正である．よって，ばね 3 から質点 2 に作用する力は，$-ku_2$ である．

以上をまとめると，2 つの質点に関する運動方程式は次のようになる．

$$\begin{cases} m\ddot{u}_1 = -ku_1 - k'(u_1 - u_2) & (4.1) \\ m\ddot{u}_2 = +k'(u_1 - u_2) - ku_2 & (4.2) \end{cases}$$

次の目標は，u_1 と u_2 に関する 2 階の連立微分方程式を解くことである．方程式の解法を以下に記す．

(4.1) ＋ (4.2) を作ると

$$m\ddot{u}_1 + m\ddot{u}_2 = -ku_1 - k'(u_1 - u_2) + k'(u_1 - u_2) - ku_2$$

となる．これを整理すると次のようになる．

$$m(\ddot{u}_1 + \ddot{u}_2) = -k(u_1 + u_2) \qquad (4.3)$$

ここで，

$$U_1 = u_1 + u_2 \tag{4.4}$$

とおくと，（4.3）は次のように単振動を表す微分方程式と同じ形になる．

$$m\ddot{U}_1 = -kU_1 \tag{4.5}$$

したがって，U_1 の一般解は，a_1 と φ_1 を定数として次のようになる．

$$U_1 = a_1 \sin(\omega_1 t + \varphi_1), \quad \omega_1 = \sqrt{\frac{k}{m}} \tag{4.6}$$

NOTE 4.1　単振動を表す微分方程式 $m\ddot{x} = -kx$ の解

第 1 章でも示したように，両辺を m で割って整理すると $\ddot{x} + (k/m)x = 0$ となる．$\omega_0^2 = (k/m)$ とおくと $\ddot{x} + \omega_0^2 x = 0$ となる．この方程式の一般解は $x = a\sin(\omega_0 t + \varphi)$（$a$ と φ は定数）である．

次に，（4.1）$-$（4.2）を作る．

$$m\ddot{u}_1 - m\ddot{u}_2 = -ku_1 - k'(u_1 - u_2) - k'(u_1 - u_2) + ku_2$$

これを整理すると次のようになる．

$$m(\ddot{u}_1 - \ddot{u}_2) = -(k + 2k')(u_1 - u_2) \tag{4.7}$$

ここで，

$$U_2 = u_1 - u_2 \tag{4.8}$$

$$K = k + 2k' \tag{4.9}$$

とおくと，（4.7）も次のように単振動を表す微分方程式になる．

$$m\ddot{U}_2 = -KU_2 \tag{4.10}$$

一般解は，a_2 と φ_2 を定数として次のようになる．

$$U_2 = a_2 \sin(\omega_2 t + \varphi_2), \quad \omega_2 = \sqrt{\frac{K}{m}} = \sqrt{\frac{k + 2k'}{m}} \tag{4.11}$$

（4.4）と（4.8）より

$$u_1 = \frac{U_1 + U_2}{2}, \quad u_2 = \frac{U_1 - U_2}{2} \tag{4.12}$$

であるから，u_1 と u_2 の一般解は次のようになる．

$$
\begin{aligned}
u_1 &= \frac{U_1 + U_2}{2} = \frac{1}{2}a_1 \sin(\omega_1 t + \varphi_1) + \frac{1}{2}a_2 \sin(\omega_2 t + \varphi_2) \\
&= \frac{1}{2}a_1 \sin\left(\sqrt{\frac{k}{m}}\,t + \varphi_1\right) + \frac{1}{2}a_2 \sin\left(\sqrt{\frac{k + 2k'}{m}}\,t + \varphi_2\right) \\
&= A_1 \sin\left(\sqrt{\frac{k}{m}}\,t + \varphi_1\right) + A_2 \sin\left(\sqrt{\frac{k + 2k'}{m}}\,t + \varphi_2\right)
\end{aligned} \tag{4.13}
$$

$$u_2 = \frac{U_1 - U_2}{2} = \frac{1}{2}a_1 \sin(\omega_1 t + \varphi_1) - \frac{1}{2}a_2 \sin(\omega_2 t + \varphi_2)$$

$$= \frac{1}{2} a_1 \sin\left(\sqrt{\frac{k}{m}}\, t + \varphi_1\right) - \frac{1}{2} a_2 \sin\left(\sqrt{\frac{k + 2k'}{m}}\, t + \varphi_2\right)$$

$$= A_1 \sin\left(\sqrt{\frac{k}{m}}\, t + \varphi_1\right) - A_2 \sin\left(\sqrt{\frac{k + 2k'}{m}}\, t + \varphi_2\right) \tag{4.14}$$

なお，$A_1 = (1/2) a_1$ および $A_2 = (1/2) a_2$ とおいた．

　u_1 と u_2 の一般解は，角振動数が $\omega_1 = \sqrt{k/m}$ と $\omega_2 = \sqrt{(k + 2k')/m}$ の 2 つの単振動の重ね合わせになっていることがわかる．これら 2 つの基本となる単振動は**基準振動**または**モード**とよばれており，2 つのモードは以下のように分離することができる．

（1）　（4.13）と（4.14）で $A_2 = 0$ とすると，質点 1 と質点 2 は次のように，角振動数 ω_1 で振動し，2 つの質点は常に同じ方向に運動する．この様子を図 4.4 の左側の図に示す．

$$u_1 = A_1 \sin\left(\sqrt{\frac{k}{m}}\, t + \varphi_1\right), \quad u_2 = A_1 \sin\left(\sqrt{\frac{k}{m}}\, t + \varphi_1\right) \tag{4.15}$$

（2）　（4.13）と（4.14）で $A_1 = 0$ とすると，質点 1 と質点 2 は次のように，角振動数 ω_2 で振動し，2 つの質点は常に逆の方向に運動する．また，$\omega_1 < \omega_2$ であるから（1）に比べて速い振動である．その様子を図 4.4 の右側の図に示す．

$$u_1 = A_2 \sin\left(\sqrt{\frac{k + 2k'}{m}}\, t + \varphi_2\right), \quad u_2 = - A_2 \sin\left(\sqrt{\frac{k + 2k'}{m}}\, t + \varphi_2\right) \tag{4.16}$$

　以上をまとめると，2 つの質点をもつ連成振動では，2 つのモード（基準振動）が存在し（角振動数 ω_1 と ω_2 に相当する振動），1 つのモードのなかでは，2 つの質点は同じ角振動数で振動する．一般的な振動（定数 A_1 と A_2 がともに 0 ではない場合）では，2 つのモードが初期条件によって決まる比率で重ね合わされている．

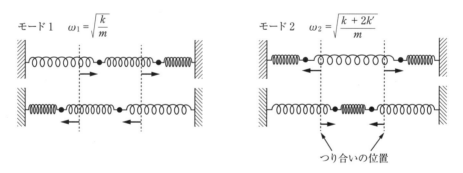

図 4.4　2 つのモードの様子

4.2　指数関数を用いた連立微分方程式の解法 *

　本節では，指数関数を用いて連成振動のモードを導く方法を紹介する．まず，4.1 節で紹介

した2つの質点に関する運動方程式

$$\begin{cases} m\ddot{u}_1 = -ku_1 - k'(u_1 - u_2) & (4.1)^{\star} \\ m\ddot{u}_2 = +k'(u_1 - u_2) - ku_2 & (4.2)^{\star} \end{cases}$$

から議論を始める. 2つの解として, 角振動数を ω, A と B を定数として, 次の関数を考える.

$$u_1 = Ae^{i\omega t}, \quad u_2 = Be^{i\omega t} \quad (i = \sqrt{-1}) \tag{4.17}$$

なお, $e^{i\omega t} \neq 0$ とする. $e^{i\omega t} = 0$ であると, $u_1 = 0$, $u_2 = 0$ となって質点は振動しないことになるからである.

u_1 と u_2 をそれぞれ t で微分すると,

$$\dot{u}_1 = Ai\omega e^{i\omega t}, \quad \dot{u}_2 = Bi\omega e^{i\omega t}$$

$$\ddot{u}_1 = -A\omega^2 e^{i\omega t}, \quad \ddot{u}_2 = -B\omega^2 e^{i\omega t} \tag{4.18}$$

となる. (4.17) と (4.18) を (4.1) および (4.2) に代入すると,

$$\begin{cases} -mA\omega^2 e^{i\omega t} = -(k+k')Ae^{i\omega t} + k'Be^{i\omega t} & (4.19) \\ -mB\omega^2 e^{i\omega t} = k'Ae^{i\omega t} - (k+k')Be^{i\omega t} & (4.20) \end{cases}$$

となる. これを整理すると

$$\begin{cases} \{(m\omega^2 - k - k')A + k'B\}e^{i\omega t} = 0 \\ \{k'A + (m\omega^2 - k - k')B\}e^{i\omega t} = 0 \end{cases}$$

となる. $e^{i\omega t} \neq 0$ なので, 次の A と B に関する次の連立方程式を得る.

$$\begin{cases} (m\omega^2 - k - k')A + k'B = 0 & (4.21) \\ k'A + (m\omega^2 - k - k')B = 0 & (4.22) \end{cases}$$

さらに, 行列を用いて表すと次のようになる.

$$\begin{pmatrix} m\omega^2 - k - k' & k' \\ k' & m\omega^2 - k - k' \end{pmatrix} \begin{pmatrix} A \\ B \end{pmatrix} = \begin{pmatrix} 0 \\ 0 \end{pmatrix} \tag{4.23}$$

ここで, もし左辺の行列

$$\begin{pmatrix} m\omega^2 - k - k' & k' \\ k' & m\omega^2 - k - k' \end{pmatrix}$$

に逆行列

$$\begin{pmatrix} m\omega^2 - k - k' & k' \\ k' & m\omega^2 - k - k' \end{pmatrix}^{-1}$$

が存在したとすると, (4.23) の両辺に左側から逆行列を掛けて

$$\begin{pmatrix} m\omega^2 - k - k' & k' \\ k' & m\omega^2 - k - k' \end{pmatrix}^{-1} \begin{pmatrix} m\omega^2 - k - k' & k' \\ k' & m\omega^2 - k - k' \end{pmatrix} \begin{pmatrix} A \\ B \end{pmatrix}$$

$$= \begin{pmatrix} m\omega^2 - k - k' & k' \\ k' & m\omega^2 - k - k' \end{pmatrix}^{-1} \begin{pmatrix} 0 \\ 0 \end{pmatrix}$$

となる. ある行列にその行列の逆行列を掛けると単位行列 $\begin{pmatrix} 1 & 0 \\ 0 & 1 \end{pmatrix}$ が得られるので, 次のよう

になる.

$$\begin{pmatrix} 1 & 0 \\ 0 & 1 \end{pmatrix} \begin{pmatrix} A \\ B \end{pmatrix} = \begin{pmatrix} m\omega^2 - k - k' & k' \\ k' & m\omega^2 - k - k' \end{pmatrix}^{-1} \begin{pmatrix} 0 \\ 0 \end{pmatrix} \tag{4.24}$$

左辺は $\begin{pmatrix} A \\ B \end{pmatrix}$ となり, 右辺は $\begin{pmatrix} 0 \\ 0 \end{pmatrix}$ になるから, (4.24) は次のようになる.

$$\begin{pmatrix} A \\ B \end{pmatrix} = \begin{pmatrix} 0 \\ 0 \end{pmatrix}$$

その結果, (4.17) より $u_1 = u_2 = 0$ となり, 質点は振動しないことになってしまう.

そこで, 質点が振動する解を導くためには, 上記のような逆行列が存在しないことが必要条件となる. そのためには, 行列式の値が0であればよいから,

$$\begin{vmatrix} m\omega^2 - k - k' & k' \\ k' & m\omega^2 - k - k' \end{vmatrix} = 0 \tag{4.25}$$

が成立すればよい.

NOTE 4.2 $\begin{pmatrix} a & b \\ c & d \end{pmatrix}$ の逆行列

$$\begin{pmatrix} a & b \\ c & d \end{pmatrix}^{-1} = \frac{1}{\Delta} \begin{pmatrix} d & -b \\ -c & a \end{pmatrix}, \qquad \Delta = \begin{vmatrix} a & b \\ c & d \end{vmatrix} = ad - bc \qquad \text{(行列式)}$$

(4.25) の行列式を展開すると,

$$(m\omega^2 - k - k')^2 - k'^2 = 0 \tag{4.26}$$

となる. 因数分解の公式 $x^2 - y^2 = (x + y)(x - y)$ を用いて因数分解すると,

$$(m\omega^2 - k - k' + k')(m\omega^2 - k - k' - k') = 0 \tag{4.27}$$

となるから,

$$m\omega^2 - k - k' + k' = 0, \quad m\omega^2 - k - k' - k' = 0 \tag{4.28}$$

が得られる. この方程式を ω^2 について解くと, $\omega^2 = k/m$ と $\omega^2 = (k + 2k')/m$ を得る. したがって, 2つの振動モードの角振動数として, 次の2つが得られる.

$$\text{モード1}: \omega_1 = \sqrt{\frac{k}{m}}, \quad \text{モード2}: \omega_2 = \sqrt{\frac{k + 2k'}{m}} \tag{4.29}$$

また, (4.21) の $(m\omega^2 - k - k')A + k'B = 0$ から A と B の比は次のようになる.

$$\frac{B}{A} = -\frac{m\omega^2 - k - k'}{k'} \tag{4.30}$$

モード1では, (4.30) の ω を $\omega_1 = \sqrt{k/m}$ とすると,

$$\frac{B_1}{A_1} = -\frac{m\omega_1^2 - k - k'}{k'} = -\frac{m(k/m) - k - k'}{k'} = 1 \tag{4.31}$$

となり $A_1 = B_1$ である．したがって，u_1 と u_2 は同振幅かつ同位相で振動することがわかる．そこで，A を定数として，

$$A_1 = B_1 = A \tag{4.32}$$

とおくと，次の解が得られる．

$$u_1 = A e^{i\omega_1 t}, \qquad u_2 = A e^{i\omega_1 t} \tag{4.33}$$

モード2では，(4.30) の ω を $\omega_2 = \sqrt{(k + 2k')/m}$ とすると

$$\frac{B_2}{A_2} = -\frac{m\omega_2{}^2 - k - k'}{k'} = -\frac{m(k + 2k')/m - k - k'}{k'} = -1 \tag{4.34}$$

となり，$A_1 = -B_1$ である．したがって，u_1 と u_2 は同振幅であるが逆位相で振動することがわかる．そこで A を定数として，

$$A_1 = -B_1 = A \tag{4.35}$$

とおくと，次の解が得られる．

$$u_1 = A e^{i\omega_2 t}, \qquad u_2 = -A e^{i\omega_2 t} \tag{4.36}$$

オイラーの公式 $e^{i\theta} = \cos\theta + i\sin\theta$ を用いて，(4.33) および (4.36) を書き直すと，

$$u_1 = A e^{i\omega_1 t} = A(\cos\omega_1 t + i\sin\omega_1 t), \qquad u_2 = A e^{i\omega_1 t} = A(\cos\omega_1 t + i\sin\omega_1 t) \tag{4.37}$$

$$u_1 = A e^{i\omega_2 t} = A(\cos\omega_2 t + i\sin\omega_2 t), \qquad u_2 = -A e^{i\omega_2 t} = -A(\cos\omega_2 t + i\sin\omega_2 t) \tag{4.38}$$

となるから，実部あるいは虚部をとれば，図4.4で示したのと同様のモードが示される．

4.3 等しい質量をもつ質点系の1次元格子振動

ここまでは，2つの質点による連成振動について解析方法を説明した．本節からは，それを応用して N 質点系の1次元格子の振動について説明する．

等しい質量 m をもつ N 個の質点を，ばね定数 k の $N + 1$ 個のばねで結んだ振動体の縦振動を考える．そのときの条件は次の通りである．

質点の質量	m [kg]
質点の数	N
質点の番号	$n = 1 \sim N$
ばねの数	$N + 1$
各ばねの自然長	L [m]
2つの壁の間の距離	$(N + 1)L$ [m]
ばね定数	k [N/m]

左側の壁から見た各質点のつり合いの位置　$x_1, x_2, \cdots, x_{n-1}, x_n, x_{n+1}, \cdots, x_N$ [m]

つり合いの位置（平衡点）から見た各質点の変位　$u_1, u_2, \cdots, u_{n-1}, u_n, u_{n+1}, \cdots, u_N$ [m]

まず最初に，図4.5の状態では，すべての質点が静止しており，つり合いの位置（平衡点）にある．このとき，それぞれの質点は，ばねから力を受けていない．また，すべてのばねは伸び縮みしていない状態（自然長 L）であるから，それぞれの質点の x 座標は次のように表される．

$$x_1 = L,\ x_2 = 2L,\ \cdots,\ x_{n-1} = (n-1)L,\ x_n = nL,\ x_{n+1} = (n+1)L,\ \cdots,\ x_N = NL \tag{4.39}$$

なお，0番目と $(N+1)$ 番目の質点の位置（質点は実在しない）は両側の壁である．また，$x_1, x_2, \cdots$ の位置からそれぞれの質点がどれだけ変位したかを表す変数が $u_1, u_2, \cdots$ となっている．

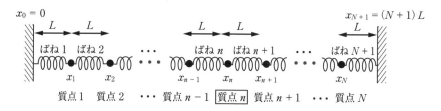

図4.5　つり合いの状態にある1次元格子

次に，N 個の質点系に縦振動が起こっているものとする．図4.6は，質点 $n-1$，質点 n，質点 $n+1$ に注目して，ある瞬間の変位の様子を描いてある．この瞬間における3つの質点の変位の大小関係は，$u_{n-1} < u_n$ および $u_n > u_{n+1}$ であるから，ばね n は伸びており，ばね $n+1$ は縮んでいることがわかる．したがって，質点 n は，ばね n とばね $n+1$ から，それぞれ左方向の力を受けていることがわかる．

4.1節で説明したのと同様にして，n 番目の質点に関する運動方程式は次のように書くことができる．

$$m\ddot{u}_n = -k(u_n - u_{n-1}) - k(u_n - u_{n+1}) \qquad (n = 1, \cdots, N) \tag{4.40}$$

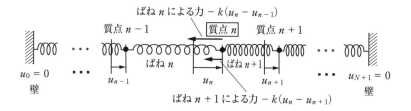

図4.6　n 番目の質点に作用する力

質点は N 個あるので，この方程式は N 個の連立微分方程式である．これを整理すると次のようになる．

$$m\ddot{u}_n = -k(2u_n - u_{n+1} - u_{n-1}) \quad (n = 1, \cdots, N) \tag{4.41}$$

$n = 0$ と $n = N + 1$ については，次の**境界条件**を適用する．

$$u_0 = 0, \quad u_{N+1} = 0 \tag{4.42}$$

(4.41) の解として，次の関数を仮定する．

$$u_n = A_n e^{-i\omega t}, \quad A_n \neq 0 \quad (n = 0 と n = N + 1 は除く) \tag{4.43}$$

なお，(4.42) の境界条件より

$$A_0 = 0, \quad A_{N+1} = 0 \tag{4.44}$$

である．(4.43) を t で 2 回微分した $\ddot{u}_n = -A_n\omega^2 e^{-i\omega t}$ と元の $u_n = A_n e^{-i\omega t}$ を，(4.41) に代入すると

$$-mA_n\omega^2 e^{-i\omega t} = -k(2A_n e^{-i\omega t} - A_{n+1}e^{-i\omega t} - A_{n-1}e^{-i\omega t}) \tag{4.45}$$

となるから，これを $e^{-i\omega t}$ $(\neq 0)$ で割って次式を得る．

$$A_n\omega^2 = \frac{k}{m}(2A_n - A_{n+1} - A_{n-1}) \tag{4.46}$$

A_n の解を求めるために，**波数 q** を用いた以下のような関数を仮定して議論を進めることにする．（波数の意味については第 7 章で改めて説明する．）

$$A_n = A\sin nqL \neq 0 \tag{4.47}$$

(4.47) を (4.46) に代入すると，

$$A\sin nqL \cdot \omega^2 = \frac{k}{m}[2A\sin nqL - A\sin\{(n+1)qL\} - A\sin\{(n-1)qL\}] \tag{4.48}$$

となる．三角関数の公式 $\sin A + \sin B = 2\sin\{(A+B)/2\}\cos\{(A-B)/2\}$ を用いて，右辺の第 2 項と第 3 項を整理すると，

$$A\sin nqL \cdot \omega^2 = \frac{k}{m}(2A\sin nqL - 2A\sin nqL \cdot \cos qL) \tag{4.49}$$

となる．両辺を $A\sin nqL$ で割ると

$$\omega^2 = \frac{2k}{m}(1 - \cos qL)$$

となるから，三角関数の半角の公式 $1 - \cos\theta = 2\sin^2(\theta/2)$ を用いて以下のように整理する．

$$\omega^2 = \frac{4k}{m}\sin^2\frac{qL}{2} \tag{4.50}$$

両辺の平方根をとって，角振動数 ω は次のように求められる．

$$\omega = 2\sqrt{\frac{k}{m}} \cdot \left|\sin\frac{qL}{2}\right| \tag{4.51}$$

さらに，q を決定するために，(4.47) に (4.44) の $A_{N+1} = 0$ を適用すると

$$A \sin\{(N+1)qL\} = 0 \tag{4.52}$$

となる．したがって，

$$(N+1)qL = j\pi \qquad (j \text{ は整数}) \tag{4.53}$$

と表すことができる．ここで，q を q_j と書くことにすると，

$$q_j = \frac{j}{N+1}\frac{\pi}{L} \qquad (j \text{ は整数}) \tag{4.54}$$

と決定される．

ここで整数 j は，以下の理由によって $j = 1, 2, 3, \cdots, N$ に限られる．

（1）　$j = 0$ のとき $q_0 = 0$ であるから，$A_n = A \sin nq_0 L = 0$ である．(4.43) から $u_n = 0$ となり，すべての質点の変位が 0 となり，無意味な解となる．したがって $j = 0$ は除外される．

（2）　$j < 0$ のとき $q_j < 0$ であるから，$A_n = A \sin nq_j L = -A \sin n|q_j|L$ である．したがって，A の符号を変えたものと等しく，振動の位相が 180° 異なるだけの重複した解を与えるから，負の j は不要である．

（3）　$j > N$ のとき，まず $j = N+1$ とすると $q_{N+1} = \{(N+1)/(N+1)\}(\pi/L) = \pi/L$ であるから，$A_n = A \sin nq_{N+1}L = 0$ となる．したがって，$u_n = 0$ となり無意味な解となる．次に $j = N+2$ のとき，

$$A_n = A \sin nq_{N+2}L = A \sin\left(n\frac{N+2}{N+1}\frac{\pi}{L}L\right) = A\sin\left(2n\pi - n\frac{N}{N+1}\frac{\pi}{L}L\right)$$

$$= -A\sin\left(n\boxed{\frac{N}{N+1}\frac{\pi}{L}}L\right) = -A_N$$

$$\boxed{q_N}$$

となり，重複した解である．$j = N+3$ 以降も同様である．したがって，$j > N$ は除外される．

以上（1）～（3）より，$j = 1, 2, 3, \cdots, N$ に限られることがわかる．

q_j の形が決まったので，(4.51) に (4.54) を代入して，角振動数 ω を ω_j と書くことにすれば，次のように N 通りとなる．

$$\omega_j = 2\sqrt{\frac{k}{m}} \cdot \left|\sin\frac{q_j L}{2}\right| = 2\sqrt{\frac{k}{m}} \cdot \left|\sin\left(\frac{1}{2}\frac{j}{N+1}\pi\right)\right| \quad (j = 1, 2, 3, \cdots, N) \tag{4.55}$$

以上から，(4.41) の連立微分方程式 $m\ddot{u}_n = -k(2u_n - u_{n+1} - u_{n-1})$ $(n = 1, 2, 3, \cdots, N)$ の解は，次のように書くことができる．

$$A_n = A \sin nq_j L \quad (4.47)$$

$$q_j = \frac{j}{N+1}\frac{\pi}{L} \quad (4.54)$$

$$\begin{cases} u_n = A_n e^{-i\omega_j t} = A\sin nq_j L \cdot e^{-i\omega_j t} = A\sin\left(n\frac{j}{N+1}\pi\right)\cdot e^{-i\omega_j t} & (4.56) \\[2mm] \omega_j = 2\sqrt{\frac{k}{m}}\cdot\left|\sin\frac{q_j L}{2}\right| = 2\sqrt{\frac{k}{m}}\cdot\left|\sin\left(\frac{1}{2}\frac{j}{N+1}\pi\right)\right| & (4.57) \\[2mm] (n=1,2,3,\cdots,N,\quad j=1,2,3,\cdots,N) \end{cases}$$

ここで，nは質点の番号，jはモードの番号を表している．（4.56）は複素数であるが，質点の変位は実数であるから（4.56）の実部を採用することにする．

$$\begin{cases} u_n = \mathrm{Re}\,(A_n e^{-i\omega_j t}) = A_n\cdot\mathrm{Re}\,[\{\cos(-\omega_j t)+i\sin(-\omega_j t)\}] \\[2mm] \qquad = A\sin nq_j L\cdot\cos\omega_j t = A\sin\left(n\frac{j}{N+1}\pi\right)\cdot\cos\omega_j t \end{cases} \quad (4.58)$$

$$\begin{cases} \omega_j = 2\sqrt{\frac{k}{m}}\cdot\left|\sin\frac{q_j L}{2}\right| = 2\sqrt{\frac{k}{m}}\cdot\left|\sin\left(\frac{1}{2}\frac{j}{N+1}\pi\right)\right| & (4.59) \\[2mm] (質点の番号\ n=1,2,3,\cdots,N,\ モードの番号\ j=1,2,3,\cdots,N) \end{cases}$$

（4.59）を用いて，波数q_jと角振動数ω_jの関係を$N=20$の場合についてプロットすると，図4.7のようになる．このような波数と角振動数の間の関係を，**分散関係**という．（4.59）において$|\sin\{(1/2)j\pi/(N+1)\}|=1$のとき$\omega_j$は最大値$2\sqrt{k/m}$となる．

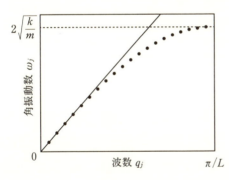

図4.7 1次元格子中を伝わる縦波の波数q_jと角振動数ω_jとの関係（$N=20$の場合）

$\sin\theta$においてθが十分小さいときには，$\sin\theta\approx\theta$と近似できることを用いると，波数q_jが小さい値のとき$\sin(q_j L/2)\approx q_j L/2$と近似できるので，（4.59）は次のように書くことができる．

$$\omega_j \approx 2\sqrt{\frac{k}{m}}\frac{q_j L}{2} = \sqrt{\frac{k}{m}}\,q_j L \quad (4.60)$$

このとき，ω_jとq_jは比例する．その様子は図4.7中の直線で示されている．

最後に，質点の数が$N=1\sim3$の場合について，縦振動および横振動のモードの様子を図4.8および図4.9にそれぞれ示す（次頁）．質点数の増加に伴って，振動のパターン（モード）が増えることがわかる．

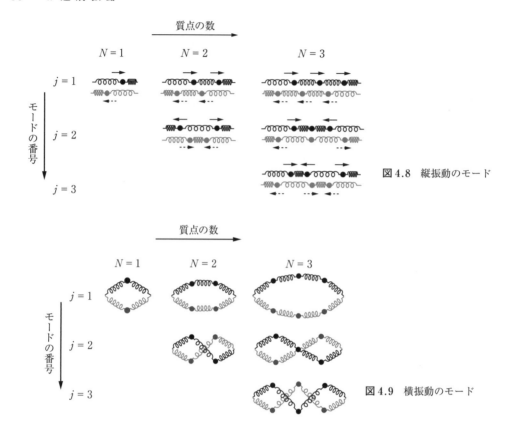

質点の数

$N = 1$ $N = 2$ $N = 3$

$j = 1$

モードの番号

$j = 2$

$j = 3$

図4.8　縦振動のモード

質点の数

$N = 1$ $N = 2$ $N = 3$

$j = 1$

モードの番号

$j = 2$

$j = 3$

図4.9　横振動のモード

4.4　2種類の質量をもつ質点系の1次元格子振動

　塩化ナトリウム（NaCl）の結晶は，図4.10に示すようにNa⁺イオンとCl⁻イオンがイオン結合することによって構成されている（実際には3次元である）．それぞれのイオンは，平衡点の周りで互いに力を及ぼし合いながら振動しており，振動が次々と結晶内を伝わっていく．本節では図4.10の結晶を，2種類の質点が交互にばねでつながれた1次元格子のモデルにおきかえて，振動の様子を考察することにする．

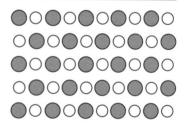

図4.10　塩化ナトリウム結晶のモデル．灰色の丸はCl⁻を，白色の丸はNa⁺を表す．

　質量mおよび質量Mの質点が交互に，ばね定数kのばねでつながれている$2N$個の振動体のモデルを図4.11に示す．n番目の質点のつり合いの位置（平衡点）からの変位を，それぞれu_nおよびU_nとする．系に振動が起こっているときのある瞬間において，n番目の2つの質点にばねから作用する力を図4.12に描いた．

　これまでと同様に，質量がmのn番目の質点と質量がMのn番目の質点に関する運動方程

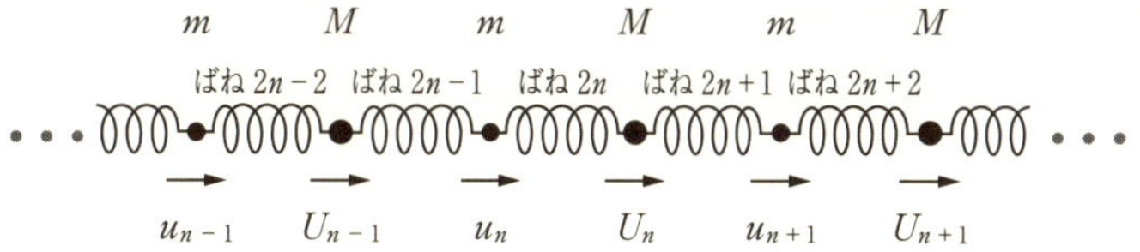

図4.11 2種類の質量を
もつ1次元格子

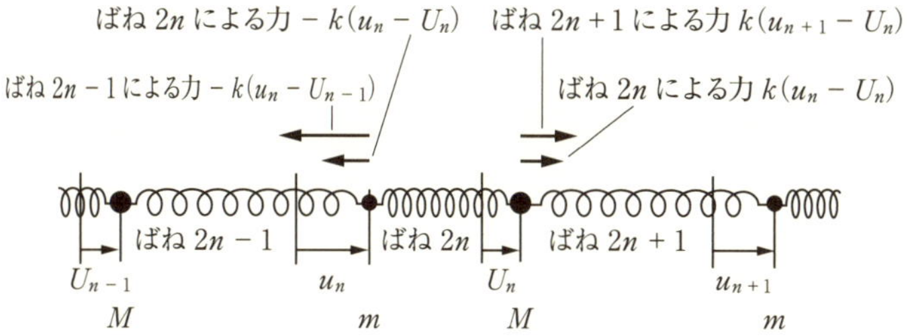

図4.12 質点の変位と
質点に作用する力

式は，次のように書くことができる．

$$\begin{cases} m\ddot{u}_n = -k(u_n - U_{n-1}) - k(u_n - U_n) & (4.61) \\ M\ddot{U}_n = k(u_n - U_n) + k(u_{n+1} - U_n) & (4.62) \end{cases}$$

この連立微分方程式を解くために，次の形の解を仮定して，前節と同様に角振動数 ω と波数 q の間の分散関係を求めることにする．

$$u_n = Ae^{i(nqL - \omega t)}, \qquad U_n = Be^{i(nqL - \omega t)} \tag{4.63}$$

u_n と U_n を合成関数の微分法を用いて，それぞれ時間 t で微分すると次のようになる．

$$\begin{cases} \dot{u}_n = -Ai\omega e^{i(nqL - \omega t)}, & \dot{U}_n = -Bi\omega e^{i(nqL - \omega t)} \\ \ddot{u}_n = -A\omega^2 e^{i(nqL - \omega t)}, & \ddot{U}_n = -B\omega^2 e^{i(nqL - \omega t)} \end{cases} \tag{4.64}$$

次に，(4.63) と (4.64) を (4.61) と (4.62) に代入すると，

$$\begin{cases} -Am\omega^2 e^{i(nqL - \omega t)} = k[Be^{i(nqL - \omega t)} + Be^{i((n-1)qL - \omega t)} - 2Ae^{i(nqL - \omega t)}] & (4.65) \\ -BM\omega^2 e^{i(nqL - \omega t)} = k[Ae^{i((n+1)qL - \omega t)} + Ae^{i(nqL - \omega t)} - 2Be^{i(nqL - \omega t)}] & (4.66) \end{cases}$$

が求められる．A と B をくくり出すと次のようになる．

$$\begin{cases} \{m\omega^2 e^{i(nqL - \omega t)} - 2ke^{i(nqL - \omega t)}\}A + k[e^{i(nqL - \omega t)} + e^{i((n-1)qL - \omega t)}]B = 0 & (4.67) \\ k[e^{i((n+1)qL - \omega t)} + e^{i(nqL - \omega t)}]A + \{M\omega^2 e^{i(nqL - \omega t)} - 2ke^{i(nqL - \omega t)}\}B = 0 & (4.68) \end{cases}$$

さらに両辺を $e^{i(nqL - \omega t)}$ ($\neq 0$) で割ると，A と B に関する以下のような連立方程式を得る．

$$\begin{cases} (2k - m\omega^2)A - k(1 + e^{-iqL})B = 0 & (4.69) \\ k(1 + e^{iqL})A + (M\omega^2 - 2k)B = 0 & (4.70) \end{cases}$$

この連立方程式において，A と B が $A = B = 0$ 以外の解をもつための条件は，4.2節で説明したのと同様に，係数の行列式の値が0になることである．

$$\begin{vmatrix} 2k - m\omega^2 & -k(1 + e^{-iqL}) \\ k(1 + e^{iqL}) & M\omega^2 - 2k \end{vmatrix} = 0 \tag{4.71}$$

行列式を展開すると,

$$(2k - m\omega^2)(M\omega^2 - 2k) - \{-k(1 + e^{-iqL})\}\{k(1 + e^{iqL})\} = 0 \tag{4.72}$$

となり，これを整理すると，次のような ω^2 に関する 2 次方程式を得る.

$$mM(\omega^2)^2 - 2k(m + M)\omega^2 - (e^{iqL} + e^{-iqL} - 2)k^2 = 0 \tag{4.73}$$

(4.73) について 2 次方程式の解の公式を用いて，ω^2 を求めると次のようになる.

$$\omega^2 = \frac{k(m + M) \pm \sqrt{k^2(m + M)^2 + mM(e^{iqL} + e^{-iqL} - 2)k^2}}{mM}$$

$$\boxed{\begin{aligned} e^{i\theta} + e^{-i\theta} &= \cos\theta + i\sin\theta + \cos(-\theta) + i\sin(-\theta) \\ &= \cos\theta + i\sin\theta + \cos\theta - i\sin\theta = 2\cos\theta \end{aligned}}$$

$$= \frac{k(m + M)}{mM} \pm \frac{\sqrt{k^2(m + M)^2 + mM(e^{iqL} + e^{-iqL} - 2)k^2}}{mM}$$

$$\boxed{\begin{aligned} &半角の公式より \\ &\cos\theta - 1 = -2\sin^2\frac{\theta}{2}. \end{aligned}}$$

$$= \frac{k(m + M)}{mM} \pm \frac{k\sqrt{(m + M)^2 + mM(2\cos qL - 2)}}{mM}$$

$$= k\left(\frac{1}{M} + \frac{1}{m}\right) \pm k\sqrt{\frac{(m + M)^2}{m^2 M^2} + \frac{2mM(\cos qL - 1)}{m^2 M^2}}$$

$$= k\left(\frac{1}{M} + \frac{1}{m}\right) \pm k\sqrt{\left(\frac{1}{M} + \frac{1}{m}\right)^2 - \frac{4}{mM}\sin^2\frac{qL}{2}} \tag{4.74}$$

(4.74) の平方根をとると，角振動数 ω は波数 q の関数として次のように書くことができる.

$$\omega = \sqrt{k\left(\frac{1}{M} + \frac{1}{m}\right) \pm k\sqrt{\left(\frac{1}{M} + \frac{1}{m}\right)^2 - \frac{4}{mM}\sin^2\frac{qL}{2}}} \tag{4.75}$$

ここからは，次のように複号 $\pm$ の $+$ に対応する ω_+ および $-$ に対応する ω_- について計算を進める.

$$\omega_+ = \sqrt{k\left(\frac{1}{M} + \frac{1}{m}\right) + k\sqrt{\left(\frac{1}{M} + \frac{1}{m}\right)^2 - \frac{4}{mM}\sin^2\frac{qL}{2}}} \tag{4.76}$$

$$\omega_- = \sqrt{k\left(\frac{1}{M} + \frac{1}{m}\right) - k\sqrt{\left(\frac{1}{M} + \frac{1}{m}\right)^2 - \frac{4}{mM}\sin^2\frac{qL}{2}}} \tag{4.77}$$

(4.76) および (4.77) において，（1）$q \to 0$ の極限，（2）q が小さい場合，（3）$q = \pi/L$ の場合について角振動数 $\omega_\pm$ を求める.

（1）　$q \to 0$ の極限を考えると，$\sin(qL/2) \to 0$ であるから，ω_+ と ω_- は次に示す値にそれぞれ近づく.

$$\omega_+ \to \sqrt{k\left(\frac{1}{M} + \frac{1}{m}\right) + k\sqrt{\left(\frac{1}{M} + \frac{1}{m}\right)^2}} = \sqrt{2k\left(\frac{1}{M} + \frac{1}{m}\right)} \tag{4.78}$$

$$\omega_- \to \sqrt{k\left(\frac{1}{M} + \frac{1}{m}\right) - k\sqrt{\left(\frac{1}{M} + \frac{1}{m}\right)^2}} = 0 \tag{4.79}$$

（2）　q が小さいと，ω_+ については，（4.76）において $\sin(qL/2) \approx 0$ であるから $(4/mM)\sin^2(qL/2)$ を無視すると次のように近似できる．

$$\omega_+ \approx \sqrt{k\left(\frac{1}{M}+\frac{1}{m}\right)+k\sqrt{\left(\frac{1}{M}+\frac{1}{m}\right)^2}} = \sqrt{2k\left(\frac{1}{M}+\frac{1}{m}\right)} \tag{4.80}$$

ω_- については，（4.77）において $\sin(qL/2) \approx qL/2$ として，平方根をマクローリン展開すると，次のように近似できる．

$$\boxed{\sqrt{1-\varDelta x} = (1-\varDelta x)^{1/2} \approx 1 - \frac{1}{2}\varDelta x \text{ を用いる．}}$$

$$\omega_- \approx \sqrt{k\left(\frac{1}{M}+\frac{1}{m}\right)-k\sqrt{\left(\frac{1}{M}+\frac{1}{m}\right)^2 - \frac{4}{mM}\left(\frac{qL}{2}\right)^2}}$$

$$= \sqrt{k\left(\frac{1}{M}+\frac{1}{m}\right)-k\left(\frac{1}{M}+\frac{1}{m}\right)\sqrt{1-\frac{(qL)^2/mM}{\{(1/M)+(1/m)\}^2}}}$$

$$\approx \sqrt{k\left(\frac{1}{M}+\frac{1}{m}\right)-k\left(\frac{1}{M}+\frac{1}{m}\right)\left[1-\frac{1}{2}\frac{(qL)^2/mM}{\{(1/M)+(1/m)\}^2}\right]}$$

$$= \sqrt{k\left(\frac{1}{M}+\frac{1}{m}\right)-k\left(\frac{1}{M}+\frac{1}{m}\right)+\frac{1}{2}k\frac{(qL)^2/mM}{(1/M)+(1/m)}}$$

$$= \sqrt{\frac{1}{2}k\frac{(qL)^2/mM}{(m+M)/mM}} = \sqrt{\frac{1}{2}k\frac{(qL)^2}{m+M}} = \sqrt{\frac{1}{2}\frac{k}{m+M}}\,qL \tag{4.81}$$

NOTE 4.3　近似式　$\sqrt{1-\varDelta x} \approx 1-(1/2)\varDelta x$

$f(t) = \sqrt{1-t} = (1-t)^{1/2}$ を順次 t で微分すると，$f'(t) = (1/2)(1-t)^{(1/2)-1}\cdot(-1) = -(1/2)(1-t)^{-1/2}$，$f''(t) = -(1/4)(1-t)^{-3/2}$，$f^{(3)}(t) = -(3/8)(1-t)^{-5/2}$，$\cdots$ となる．それぞれに $t=0$ を代入すると $f(0)=1$，$f'(0)=-1/2$，$f''(0)=-1/4$，$f^{(3)}(0)=-3/8$，$\cdots$ となる．**マクローリン展開の一般式**は，

$$f(t) = f(0) + \frac{f'(0)}{1!}t + \frac{f''(0)}{2!}t^2 + \frac{f^{(3)}(0)}{3!}t^3 + \cdots + \frac{f^{(n)}(0)}{n!}t^n + \cdots$$

なので $f(t) = \sqrt{1-t} = 1 + (-1/2)t/1! + (-1/4)t^2/2! + (-3/8)t^3/3! + \cdots$ となる．ここで t を $\varDelta x$ とおき，$\varDelta x$ は小さい値であるとすれば，2次以降の項はさらに小さいから無視できて，$\sqrt{1-\varDelta x} \approx 1-(1/2)\varDelta x$ と近似できる．

（3）　$q = \pi/L$ の場合は，$\sin(qL/2)=1$ であるから，（4.76）と（4.77）を複号（±）でまとめて，次のようになる．

$$\omega_\pm = \sqrt{k\left(\frac{1}{M}+\frac{1}{m}\right)\pm k\sqrt{\left(\frac{1}{M}+\frac{1}{m}\right)^2 - \frac{4}{mM}}}$$

$$= \sqrt{k\left(\frac{1}{M} + \frac{1}{m}\right) \pm k\sqrt{\frac{1}{M^2} + \frac{2}{mM} + \frac{1}{m^2} - \frac{4}{mM}}}$$

$$= \sqrt{k\left(\frac{1}{M} + \frac{1}{m}\right) \pm k\sqrt{\frac{1}{m^2} - \frac{2}{mM} + \frac{1}{M^2}}}$$

$$= \sqrt{k\left(\frac{1}{M} + \frac{1}{m}\right) \pm k\sqrt{\left(\frac{1}{m} - \frac{1}{M}\right)^2}} = \sqrt{k\left(\frac{1}{M} + \frac{1}{m}\right) \pm k\left(\frac{1}{m} - \frac{1}{M}\right)}$$

$$= \begin{cases} \sqrt{\dfrac{2k}{m}} & (\omega_+ \text{の場合}) & (4.82) \\[2mm] \sqrt{\dfrac{2k}{M}} & (\omega_- \text{の場合}) & (4.83) \end{cases}$$

以上の結果を用いて，波数 q と角振動数 ω の関係（分散関係）をグラフにすると図 4.13 のようになる．ω_+ のモードを**光学的モード**，ω_- のモードを**音響的モード**とよぶ．両者の間には図中の斜線で示したように角振動数 ω が存在しない領域（**エネルギーギャップ**）があり，波動的な解が存在しない．したがって，この領域の角振動数をもつ波動はイオン結晶中を伝わらない．

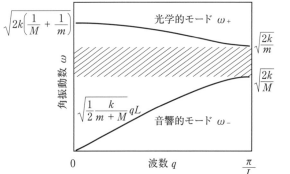

図 4.13　分散関係

光学的モードと音響的モードの様子を横波として模式的に表すと，図 4.14 のようになる．光学的モードでは正イオンと負イオンが分極しており，電磁波によって図のようなモードでイオンを振動させることができる．

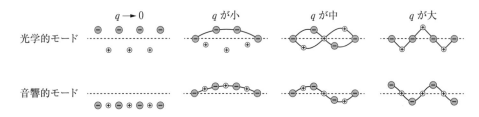

図 4.14　q の値による振動の様子

章 末 問 題

【4.1】 次の連立微分方程式の一般解を求めなさい.

（1） $\begin{cases} \ddot{x}_1 = -2x_1 + x_2 \\ \ddot{x}_2 = x_1 - 2x_2 \end{cases}$ （2） $\begin{cases} \ddot{x}_1 = -5x_1 + 3x_2 \\ \ddot{x}_2 = 3x_1 - 5x_2 \end{cases}$

【4.2】 質量 m の2つの質点が，図4.15および図4.16のようにばね定数 k および k' のばねでつながれており，x 軸方向に連成振動している．この2図に示す瞬間において，質点1と質点2に作用する力を矢印で示しなさい．また，2つの質点に関する運動方程式を書きなさい.

（1） （2）

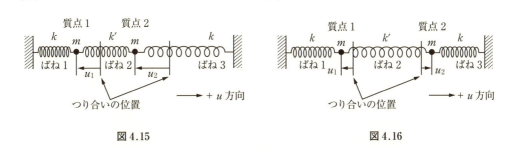

図4.15 　　　　　　　　　　　　　　図4.16

【4.3】 図4.17の2重振り子および図4.18の3重振り子には，どのような振動モード（振動パターン）があるか図示しなさい.

（1） 2重振り子 　　　　　　　　（2） 3重振り子

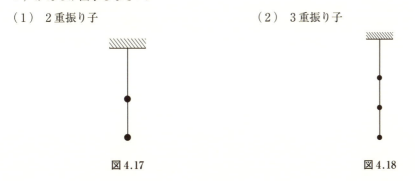

図4.17 　　　　　　　　　　　　　　図4.18

【4.4】 図4.19のように，質量 m をもつ N 個の質点を，$N+1$ 個のばね（ばね定数 k とする）で結んだ振動体の縦振動の解は，次頁の式で表される．質点の数が $N=1$，$N=2$，$N=3$ の場合について，それぞれの質点の変位 u_n と角振動数 ω_j を具体的に求めなさい.

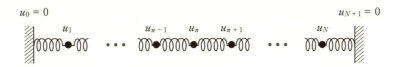

図4.19

$$
\left\{
\begin{array}{ll}
u_n = A \sin\left(\dfrac{n \cdot j}{N+1}\pi\right) \cdot \cos \omega_j t & \text{①} \\[4mm]
\omega_j = 2\sqrt{\dfrac{k}{m}} \cdot \left|\sin\left(\dfrac{1}{2}\dfrac{j}{N+1}\pi\right)\right| & \text{②} \\[2mm]
\quad (n = 1,\, 2,\, 3,\, \cdots,\, N,\ \ j = 1,\, 2,\, 3,\, \cdots,\, N)
\end{array}
\right.
$$

5. 波動方程式の導出

　波動方程式は，波動の様子を解析するために必要な2階の偏微分方程式である．本章では，いくつかの基本的な波動現象について，1〜3次元の波動方程式の導出について説明する．

5.1　導関数，偏導関数の近似式*

　本節では，波動方程式を導出するための数学的準備として，導関数および偏導関数の近似式について説明する．

（1）　1変数関数 $f(t)$ の場合

　t の関数 $f(t)$ の**導関数**は，次のように定義される．

$$\frac{df}{dt} = \lim_{\Delta t \to 0} \frac{f(t + \Delta t) - f(t)}{\Delta t} \tag{5.1}$$

ここで，t の増分 Δt が無限小（dt）ではないが小さい値であるものとすれば，次のように近似することができる．

$$\frac{df}{dt} \approx \frac{f(t + \Delta t) - f(t)}{\Delta t} \quad \Rightarrow \quad f(t + \Delta t) - f(t) \approx \frac{df}{dt} \cdot \Delta t$$

$$\Rightarrow \quad f(t + \Delta t) \approx f(t) + \boxed{\frac{df}{dt} \cdot \Delta t}$$

$$\approx \Delta f \quad (f(t) \text{ の増分})$$

$$\therefore \quad \boxed{f(t + \Delta t) = f(t) + \Delta f \approx f(t) + \frac{df}{dt} \cdot \Delta t} \tag{5.2}$$

　これは，t が Δt だけ増加したとき，$f(t)$ の増分 Δf は導関数 df/dt に Δt を掛けることによって求められることを表している．

　次頁の図5.1に，$f(t)$ が1次関数の場合と一般的な関数の場合について（5.2）を図示した．

（例1）　$f(t) = 3t + 2$ のとき，$df/dt = 3$ である．関数 $f(t)$ において，t の代わりに $t + \Delta t$ とおいて次のように計算すると

$$\frac{df}{dt} = 3$$

$$f(t + \Delta t) = 3(t + \Delta t) + 2 = 3t + 2 + 3\Delta t = 3t + 2 + \frac{df}{dt} \cdot \Delta t$$

$$= f(t) + \frac{df}{dt} \cdot \Delta t = f(t) + \Delta f$$

となり，確かに，（5.2）が成り立っていることがわかる．

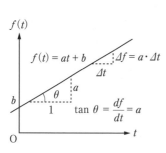

(a) 1次関数の場合

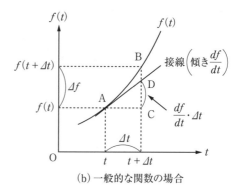

(b) 一般的な関数の場合

1次関数の傾き a は $\tan\theta$ に等しいから，$\tan\theta = a/1 = a$ である．また，直線の傾き a は次のように微分係数にも等しい．

$$\frac{df}{dt} = \frac{d}{dt}(at + b) = a$$

t の変化（増分）Δt に伴う $f(t)$ の増分 Δf は，直線の傾き a と t の増分 Δt との積 $\Delta f = a \cdot \Delta t$ として求められる．

$f(t)$ の増分 Δf（BC の長さ）を，CD の長さで近似する．CD は，接線の傾き (df/dt) と t の増分 Δt との積として求められる．

$$\Delta f = \mathrm{BC} \approx \mathrm{CD} = \frac{df}{dt} \cdot \Delta t$$

$$f(t + \Delta t) = f(t) + \Delta f \approx f(t) + \frac{df}{dt} \cdot \Delta t$$

BD の長さが誤差になるが，Δt が小さくなると BD の長さも小さくなる．

図5.1　$f(t)$ の増分の近似

（例2）　$f(t) = t^2$ のとき，$df/dt = 2t$ である．t の代わりに $t + \Delta t$ とおいて計算すると

$$\boxed{\frac{df}{dt} = 2t}$$

$$f(t + \Delta t) = (t + \Delta t)^2 = t^2 + 2t \cdot \Delta t + (\Delta t)^2 \approx t^2 + \frac{df}{dt} \cdot \Delta t$$

$$= f(t) + \frac{df}{dt} \cdot \Delta t = f(t) + \Delta f$$

Δt は小さな値なので，その 2 乗である $(\Delta t)^2$ はさらに小さい値であるから無視できる．

となり，確かに（5.2）が成り立っている．

（2）　2変数関数 $f(x, t)$ の場合

2つの変数 x および t の関数 $f(x, t)$ の**偏導関数**は，x および t についてそれぞれ定義される．図5.2にはその様子を描いてある．1変数の関数 $f(t)$ のグラフは図5.1のように曲線で表されるが，2変数関数 $f(x, t)$ のグラフは図5.2のように曲面で表される．以下に，$f(x, t)$ の微分について記す．

x 軸方向の偏導関数は次のように定義される．

$$\frac{\partial f}{\partial x} = \lim_{\Delta x \to 0} \frac{f(x + \Delta x, t) - f(x, t)}{\Delta x} \tag{5.3}$$

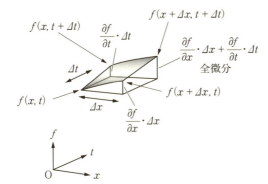

図 5.2 2変数の微分

これを用いて，1変数の場合と同様に x について次のように近似できる．

$$f(x + \varDelta x,\, t) = f(x,\, t) + \varDelta f \approx f(x,\, t) + \frac{\partial f}{\partial x} \cdot \varDelta x \tag{5.4}$$

t 軸方向の偏導関数も次のように定義される．

$$\frac{\partial f}{\partial t} = \lim_{\varDelta t \to 0} \frac{f(x,\, t + \varDelta t) - f(x,\, t)}{\varDelta t} \tag{5.5}$$

t についても次のような近似が成り立つ．

$$f(x,\, t + \varDelta t) = f(x,\, t) + \varDelta f \approx f(x,\, t) + \frac{\partial f}{\partial t} \cdot \varDelta t \tag{5.6}$$

図 5.2 には，$\varDelta x$ についての f の増分 $(\partial f/\partial x) \cdot \varDelta x$ と，$\varDelta t$ についての f の増分 $(\partial f/\partial t) \cdot \varDelta t$ が描いてある．また，次の式で示される両者の和は**全微分**とよばれている．

$$\varDelta f = \frac{\partial f}{\partial x} \cdot \varDelta x + \frac{\partial f}{\partial t} \cdot \varDelta t \tag{5.7}$$

なお，（5.7）は，$\varDelta x \to 0$，$\varDelta t \to 0$ の極限において，$df = (\partial f/\partial x) \cdot dx + (\partial f/\partial x) \cdot dt$ と書かれる．

5.2　ひもを伝わる波

　ギターなどの弦楽器では，弦の長さ，密度，張力などによって，弦に発生する波の振動数が変化する．本節では，次頁の図 5.3（a）のように，x 軸上に一直線に張られたひもの横振動について，波動方程式の導出法を説明する．

例題 5.1

　両端を固定された長さ L [m]，線密度 σ [kg/m] のひもについて，波動方程式を導出しなさい．

解 図5.3 (b) は，長さ L [m] のひもが x 軸に対して垂直方向に変位している様子を表している．なお，位置 x [m]，時刻 t [s] におけるひもの変位を $u(x, t)$ [m] とする．図5.3 (c) は，ひもの微小部分 PQ（質量 m [kg]）を拡大した図である．PQ の両端には張力 T [N] が作用しており，u 軸方向の正味の力（合力）を F [N] とすれば，微小部分 PQ に関する u 軸方向の運動方程式は

$$m\ddot{u} = F \tag{5.8}$$

となる．微小部分 PQ の長さは Δx であるから，質量 m は

$$m = \sigma \cdot \Delta x \tag{5.9}$$

と表される．以下に正味の力 F を求める．

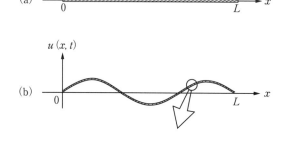

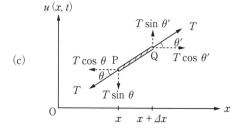

図5.3 ひもを伝わる波

図5.3 (c) において，微小部分 PQ の両端に作用する張力は T であり，点 P でのひもの接線は x 軸から角度 θ をなし，点 Q でのひもの接線は x 軸から角度 θ' をなしているものとする．このとき，張力 T の u 軸方向の成分は $T \sin\theta$ および $T \sin\theta'$ であるから，u 軸方向の合力 F はそれぞれの力の向きを考慮して

$$F = T \sin\theta' - T \sin\theta \tag{5.10}$$

である．

次に，$\sin\theta'$ と $\sin\theta$ を u および x を用いて表現することを考える．まず，図5.3 (c) の点 P において，ひもの傾きは $\tan\theta = \partial u/\partial x$ である．いま，θ が小さいと仮定すれば，図5.4 に示すように，$\sin\theta \approx \tan\theta$ であるから，次の近似が成り立つ．

$$\sin\theta \approx \tan\theta = \frac{\partial u}{\partial x} \tag{5.11}$$

一方，点 Q での $\tan\theta'$（θ' も小さいとする）は，次のように点

$$\sin\theta = \frac{c}{a}$$

$$\tan\theta = \frac{c}{b}$$

$$a \approx b$$

$$\sin\theta \approx \tan\theta$$

角度 θ が小さいとき，$a \approx b$ であるから $\sin\theta \approx \tan\theta$ と近似できる．

図5.4 三角関数の近似

P での $\tan\theta$ に $\tan\theta$ の増分 $\Delta(\tan\theta)$ を加えることよって求められる。その際，(5.4) において $f(x,t)$ を $\tan\theta$ と見て近似する。

(5.4) の関数 $f(x,t)$ を $\tan\theta$ と見て計算する。

$$f(x+\Delta x,\,t) = f(x,\,t) + \Delta f \approx f(x,\,t) + \frac{\partial f}{\partial x}\cdot\Delta x$$

$$\tan\theta' = \tan\theta + \Delta(\tan\theta) \approx \tan\theta + \frac{\partial(\tan\theta)}{\partial x}\cdot\Delta x$$

その後に $\tan\theta$ を $\partial u/\partial x$ におきかえる。

$$\tan\theta' = \tan\theta + \Delta(\tan\theta) \approx \tan\theta + \frac{\partial(\tan\theta)}{\partial x}\cdot\Delta x$$

$$= \frac{\partial u}{\partial x} + \frac{\partial(\partial u/\partial x)}{\partial x}\cdot\Delta x = \frac{\partial u}{\partial x} + \frac{\partial^2 u}{\partial x^2}\cdot\Delta x \tag{5.12}$$

したがって，次の近似式が得られる。

$$\sin\theta' \approx \tan\theta' = \frac{\partial u}{\partial x} + \frac{\partial^2 u}{\partial x^2}\cdot\Delta x \tag{5.13}$$

以上から，(5.11) と (5.13) を (5.10) に代入すると，u 軸方向の合力 F は次のようになる。

$$F = T\sin\theta' - T\sin\theta \approx T\tan\theta' - T\tan\theta = T\left(\frac{\partial u}{\partial x} + \frac{\partial^2 u}{\partial x^2}\cdot\Delta x\right) - T\cdot\frac{\partial u}{\partial x}$$

$$= T\cdot\frac{\partial^2 u}{\partial x^2}\cdot\Delta x \tag{5.14}$$

(5.9) および (5.14) を (5.8) $m\ddot{u} = F$ に代入すると，ひもの微小部分 PQ の u 軸方向に関する運動方程式は次のようになる。

$$(\sigma\cdot\Delta x)\cdot\frac{\partial^2 u}{\partial t^2} = T\cdot\frac{\partial^2 u}{\partial x^2}\cdot\Delta x \tag{5.15}$$

これを整理すると次の方程式を得る。

$$\boxed{\frac{\partial^2 u}{\partial t^2} = \frac{T}{\sigma}\frac{\partial^2 u}{\partial x^2}} \tag{5.16}$$

次に，右辺の T/σ がどのような量であるかを調べるために，T と σ の単位（次元）を見ることにする。張力 T の単位は $[\mathrm{N}] = [\mathrm{kg\cdot m/s^2}]$，線密度 σ の単位は $[\mathrm{kg/m}]$ であるから，T/σ の単位は $[\mathrm{kg\cdot m/s^2}] \div [\mathrm{kg/m}] = [\mathrm{m^2/s^2}]$ となり，T/σ は速度の2乗の次元をもっていることがわかる。そこで，

$$v^2 = \frac{T}{\sigma} \qquad \left(v = \sqrt{\frac{T}{\sigma}}\right) \tag{5.17}$$

とおくと，(5.16) は次のように書くことができる。

$$\boxed{\frac{\partial^2 u}{\partial t^2} = v^2\frac{\partial^2 u}{\partial x^2}} \tag{5.18}$$

これは，ひもを伝わる波に関する**波動方程式**である。v は波が**媒質**中を伝わる速度（**位相速度**）で

ある．媒質とは，波を伝える物質あるいは空間のことである．また，ひもを伝わる変位 $u(x, t)$ は波の進行方向 x に対して垂直である．このような波は**横波**とよばれる．

なお，ひもの両端は固定されているので，波動方程式を解くときの**境界条件**は，

$$u(0, t) = 0, \qquad u(L, t) = 0 \tag{5.19}$$

である．◆

NOTE 5.1 群 速 度

図 5.5 のように角振動数と速度が異なる 2 つの波が進行して重ね合わされると，2 つの波が場所によって強め合ったり，弱め合ったりする．その結果，図のように場所による振幅の変化が発生する．

図中に，波形の外形に沿って点線を用いて包絡線を描いてあるが，時間の経過に伴って包絡線が速度 v_g で移動する．波の包絡線の速度 v_g を**群速度**とよぶ．群速度 v_g は，元の波の位相速度 v_1, v_2 とは異なる．なお，図では v_1, v_2 を逆向きに描いてあるが，両者が同じ向きのときにもこのような現象が発生する．

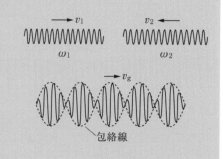

図 5.5 群速度

5.3 空気の圧力変化による波（音波）

本節では，空気中を伝わる音波に関する波動方程式を導く．途中の計算で，時間 t および位置 x に関する 2 階の偏導関数が現れるが，その際にどちらの変数で先に微分するかによって，$\partial^2 u/\partial t \partial x$ と $\partial^2 u/\partial x \partial t$ が存在する．本書で扱う関数 $u(x, t)$ は，**NOTE 5.2** に示す Schwartz の定理を満たすものとし，偏微分の順序は入れかえ可能で $\partial^2 u/\partial x \partial t = \partial^2 u/\partial t \partial x$ が成り立つものとする．同様に，$\partial^3 u/\partial x \partial t^2 = \partial^3 u/\partial t^2 \partial x$ なども成り立つものとして計算を進める．

NOTE 5.2 Schwarz の定理

点 (a, b) の近傍で $\partial f/\partial x$, $\partial f/\partial y$, $\partial^2 f/\partial y \partial x$ が存在して，$\partial^2 f/\partial y \partial x$ が連続ならば，$\partial^2 f/\partial x \partial y$ も存在して $\partial^2 f/\partial y \partial x = \partial^2 f/\partial x \partial y$ である．（証明は省略するが，平均値の定理を用いて示される．）

例題 5.2

空気中を伝わる圧力変化の波（音波）について波動方程式を導出しなさい．

解　音波は空気を媒質として空気の圧力変化が伝わる**縦波**で，図 5.6 に示すような**疎密波**が形成される．縦波とは，波の進行方向と同じ方向に波の変位が生じる波のことである．図 5.7 は，断面積 $S\,[\mathrm{m^2}]$ の円筒形の管のなかを，x 軸方向に伝わる空気振動について考察するためのモデルである．音波がないときに点 A を含む断面にあった空気は，音波の通過によって点 A の前後で振動する．その変位を $u\,(x,\,t)\,[\mathrm{m}]$ とする．なお，点 A から微小な距離 $\varDelta x\,[\mathrm{m}]$ 離れた点 B での空気の変位を $u\,(x + \varDelta x,\,t)\,[\mathrm{m}]$ と表す．点 A と点 B での変位がともに 0 のとき，AB 間の空気の体積 $V\,[\mathrm{m^3}]$ は次のようになる．

$$V = S \cdot \varDelta x \tag{5.20}$$

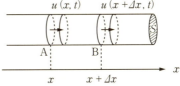

図 5.6　疎密波　　　　　　　図 5.7　空気の変位

点 A と点 B がそれぞれ変位したことによる体積の変化量 $\varDelta V\,[\mathrm{m^3}]$ は，

$$\varDelta V = S \cdot \{u\,(x + \varDelta x,\,t) - u\,(x,\,t)\}$$
$$\approx S \cdot \frac{\partial u}{\partial x}\,\varDelta x = (S \cdot \varDelta x) \cdot \frac{\partial u}{\partial x} = V \cdot \frac{\partial u}{\partial x} \tag{5.21}$$

となる．ここで，{ } の部分の変形には（5.4）の $f\,(x + \varDelta x,\,t) - f\,(x,\,t) \approx (\partial f / \partial x) \cdot \varDelta x$ を用いた．さらに，両辺を V で割ると

$$\frac{\varDelta V}{V} = \frac{\partial u}{\partial x} \tag{5.22}$$

となる．これは体積変化率を表している．

平衡状態での空気の圧力を $P_0\,[\mathrm{Pa}]$，その変化分を $p\,(x,\,t)\,[\mathrm{Pa}]$ とすると，上記の体積変化率 $\varDelta V / V$ と圧力変化 $p\,(x,\,t)$ は比例することが知られているので，

$$p\,(x,\,t) = -K\frac{\varDelta V}{V}$$
$$= -K\frac{\partial u}{\partial x} \tag{5.23}$$

と表すことができる（$K\,[\mathrm{Pa}]$ は比例定数）．マイナス符号は，体積が増加すると圧力は小さくなることを表している．比例係数 K は体積弾性率とよばれ，その逆数 $1/K$ は圧縮率とよばれる．（5.23）を時間 t で微分すると，

$$\frac{\partial p}{\partial t} = -K\frac{\partial^2 u}{\partial t\,\partial x} \tag{5.24}$$

$$\frac{\partial^2 p}{\partial t^2} = -K\frac{\partial^3 u}{\partial t^2\,\partial x} \tag{5.25}$$

となる．

NOTE 5.3 圧力の単位

圧力の単位には [Pa]（パスカル）が用いられる. 圧力とは単位面積当りの力の大きさであるから, $[Pa] = [N/m^2]$ である.

次に, AB 間の空気に作用する x 軸方向の正味の力を以下で求める. 点 A での空気の圧力は $P_0 + p(x, t)$, 点 B でのそれは $P_0 + p(x + \Delta x, t)$ であるから, 面 A に右向きに作用する力は $S \cdot \{P_0 + p(x, t)\}$, 面 B に左向きに作用する力は $S \cdot \{P_0 + p(x + \Delta x, t)\}$ である. したがって, AB 間の空気に作用する x 軸方向の合力 F [N] は,

$$F = S \cdot \{P_0 + p(x, t)\} - S \cdot \{P_0 + p(x + \Delta x, t)\}$$

$$= -S \cdot \{p(x + \Delta x, t) - p(x, t)\} = -S \cdot \frac{\partial p}{\partial x} \Delta x \tag{5.26}$$

$f(x + \Delta x, t) = f(x, t) + \Delta f \approx f(x, t) + \dfrac{\partial f}{\partial x} \cdot \Delta x$ を適用する.

である. 空気の体積密度を ρ [kg/m^3] とすれば, AB 間の空気の質量は

$$m = \rho \cdot V = \rho \cdot S \cdot \Delta x \tag{5.27}$$

である.

(5.26) および (5.27) より, 運動方程式 $m\ddot{u} = F$ は

$$(\rho \cdot S \cdot \Delta x) \cdot \frac{\partial^2 u}{\partial t^2} = -S \cdot \frac{\partial p}{\partial x} \Delta x \tag{5.28}$$

となる. これを整理すると次式を得る.

$$\rho \cdot \frac{\partial^2 u}{\partial t^2} = -\frac{\partial p}{\partial x} \tag{5.29}$$

この式の両辺を x で微分すると,

$$\rho \cdot \frac{\partial^3 u}{\partial x \partial t^2} = -\frac{\partial^2 p}{\partial x^2} \tag{5.30}$$

となる. (5.25) と (5.30) から, $\partial^3 u / \partial x \partial t^2$ を消去することによって次式を得る.

$$\frac{\partial^2 p}{\partial t^2} = \frac{K}{\rho} \frac{\partial^2 p}{\partial x^2} \tag{5.31}$$

次に, 右辺の K/ρ がどのような量であるかを調べるために, K と ρ の単位（次元）を見ることにする. (5.23) の $p(x, t) = -K \cdot \Delta V / V$ において, 左辺の単位は圧力の単位 $[Pa] = [N/m^2]$ に等しい. 右辺の $\Delta V / V$ は無次元である. したがって, K の単位は圧力の単位に等しいので, $[Pa] = [N/m^2] = [(kg \cdot m/s^2)/m^2] = [kg/(m \cdot s^2)]$ となる. また, 密度 ρ の単位は $[kg/m^3]$ である. よって, K/ρ の単位は $[kg/(m \cdot s^2)] \div [kg/m^3] = [m^2/s^2]$ となり, 速度の 2 乗の次元をもっていることがわかる.

そこで,

$$v^2 = \frac{K}{\rho} \qquad \left(v = \sqrt{\frac{K}{\rho}} \right) \tag{5.32}$$

とおくと，(5.31)は次のように書くことができる．

$$\frac{\partial^2 p}{\partial t^2} = v^2 \frac{\partial^2 p}{\partial x^2}$$

(5.33)

これは，空気中の圧力変化の波，すなわち音波に関する**波動方程式**である．なお，v は空気中を伝わる音波の速度（位相速度）を表している．　　　　　　　　　　　　　　　　　◆

5.4　分布定数回路を伝わる波

　本節では，電気信号を伝えるためのケーブルを分布定数回路とよばれるモデル（等価回路）で表し，ケーブルを伝わる電流信号および電圧信号に関する波動方程式を導出する．

　抵抗 R [Ω]（オーム），キャパシタ（コンデンサ）C [F]（ファラド），インダクタ（コイル）L [H]（ヘンリー）に電流 I [A]（アンペア）を流したとき，それぞれの素子の両端に発生する電圧 V [V]（ボルト）との関係を図5.8に示す．

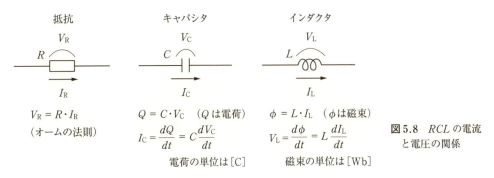

抵抗	キャパシタ	インダクタ

$V_R = R \cdot I_R$
（オームの法則）

$Q = C \cdot V_C$　（Q は電荷）

$I_C = \dfrac{dQ}{dt} = C\dfrac{dV_C}{dt}$

電荷の単位は [C]

$\phi = L \cdot I_L$　（ϕ は磁束）

$V_L = \dfrac{d\phi}{dt} = L\dfrac{dI_L}{dt}$

磁束の単位は [Wb]

図5.8　RCL の電流と電圧の関係

　次に，2本の導線が対をなして電気信号を伝送するケーブルのモデルを図5.9（a）に示す．ケーブルに沿って x 軸をとり，点 A と点 A から微小距離 Δx だけ離れた点 B について，電流および下側の導線を基準とした上側の導線の電位をそれぞれ表している．図5.9（b）は，図5.9（a）で示したケーブルの等価回路で，x 軸に沿って単位長さ当り C [F/m] の微小キャパシタンス（電気容量）および L [H/m] の微小インダクタンスが一様に分布していることを表現

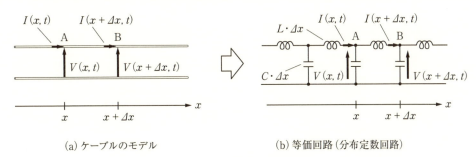

（a）ケーブルのモデル　　　　　　　　　（b）等価回路（分布定数回路）

図5.9　分布定数回路

している．このように，無数の微小キャパシタンスと微小インダクタンスが，長さ方向に分布していると考えられる回路を**分布定数回路**とよぶ．実際のケーブルでは，微小抵抗も分布するが，本書では考えないことにする．このように，分布定数回路では回路に長さの要素を考慮するが，図5.8で示したような通常の回路は集中定数回路とよばれ，長さの要素は考慮しない．

例題 5.3

図5.9（b）で表される分布定数回路を伝わる電流信号および電圧信号について，その波動方程式を求めなさい．

解 ケーブルの単位長さ当りのキャパシタンスを C [F/m]，インダクタンスを L [H/m] とすれば，長さ Δx [m] の部分のキャパシタンスは $C \cdot \Delta x$ [F]，インダクタンスは $L \cdot \Delta x$ [H] である．位置 x における電流と電位を，それぞれ $I(x, t)$ [A]，$V(x, t)$ [V] と表すことにする．

点 A と点 B の間の電位差 $V(x, t) - V(x + \Delta x, t)$ が AB 間のインダクタ $(L \cdot \Delta x)$ に加わる電圧なので，図5.8で示したインダクタの電圧と電流の関係 $V_L = L(\partial I_L/\partial t)$（$V_L$ と I_L の変数が x と t なので，偏微分になる）を用いて，

$$V(x, t) - V(x + \Delta x, t) = (L \cdot \Delta x) \frac{\partial I}{\partial t} \tag{5.34}$$

と表すことができる．両辺を Δx で割ると，

$$-\frac{V(x + \Delta x, t) - V(x, t)}{\Delta x} = L\frac{\partial I}{\partial t}$$

となる．$\Delta x \to 0$ の極限をとると，左辺は x に関する偏導関数になるから次のようになる．

$$-\frac{\partial V}{\partial x} = L\frac{\partial I}{\partial t} \tag{5.35}$$

また，点 A のキャパシタ $(C \cdot \Delta x)$ に流れる電流 I_C は，点 A を流れる電流と点 B を流れる電流の差 $I(x, t) - I(x + \Delta x, t)$ であるから，図5.8で示したキャパシタの電流と電圧の関係 $I_C = C(\partial V_C/dt)$ を用いて，

$$I(x, t) - I(x + \Delta x, t) = (C \cdot \Delta x) \frac{\partial V}{\partial t} \tag{5.36}$$

と表される．両辺を Δx で割ると，

$$-\frac{I(x + \Delta x, t) - I(x, t)}{\Delta x} = C\frac{\partial V}{\partial t}$$

となるから，$\Delta x \to 0$ の極限をとって次式を得る．

$$-\frac{\partial I}{\partial x} = C\frac{\partial V}{\partial t} \tag{5.37}$$

ここで，（5.35）を t で微分すると，

$$-\frac{\partial^2 V}{\partial t \partial x} = L\frac{\partial^2 I}{\partial t^2} \tag{5.38}$$

となる．また，（5.37）を x で微分すると，

$$-\frac{\partial^2 I}{\partial x^2} = C\frac{\partial^2 V}{\partial x \partial t} \tag{5.39}$$

となる. よって, (5.38) と (5.39) から, $\partial^2 V / \partial x \partial t$ を消去して次式を得る.

$$\boxed{\frac{\partial^2 I}{\partial t^2} = \frac{1}{LC}\frac{\partial^2 I}{\partial x^2}} \tag{5.40}$$

同様に, (5.35) を x で微分すると,

$$-\frac{\partial^2 V}{\partial x^2} = L\frac{\partial^2 I}{\partial x \partial t} \tag{5.41}$$

となる. (5.37) を t で微分すると,

$$-\frac{\partial^2 I}{\partial t \partial x} = C\frac{\partial^2 V}{\partial t^2} \tag{5.42}$$

となる. よって, (5.41) と (5.42) から, $\partial^2 I / \partial x \partial t$ を消去して次式を得る.

$$\boxed{\frac{\partial^2 V}{\partial t^2} = \frac{1}{LC}\frac{\partial^2 V}{\partial x^2}} \tag{5.43}$$

次に, (5.40) と (5.43) にある $1/LC$ がどのような量であるかを調べるために, L と C の単位（次元）を調べることにする. 単位長さ当りのインダクタンス L の単位および単位長さ当りのキャパシタンス C の単位は, **NOTE 5.4** の結果を用いて, $[\mathrm{H/m}] = [(\mathrm{V\cdot s/A})/\mathrm{m}] = [\mathrm{V\cdot s/(A\cdot m)}]$ および $[\mathrm{F/m}] = [(\mathrm{A\cdot s/V})/\mathrm{m}] = [\mathrm{A\cdot s/(V\cdot m)}]$ である. よって, LC の単位は, $[(\mathrm{H/m})\cdot(\mathrm{F/m})] = [\{(\mathrm{V\cdot s})/(\mathrm{A\cdot m})\}\cdot\{(\mathrm{A\cdot s})/(\mathrm{V\cdot m})\}] = [\mathrm{s^2/m^2}]$ であるから $1/(LC)$ の単位は $[\mathrm{m^2/s^2}]$ となり, 速度の 2 乗の次元をもっていることがわかる. そこで,

$$v^2 = \frac{1}{LC} \qquad \left(v = \sqrt{\frac{1}{LC}}\right) \tag{5.44}$$

とおくと, (5.40) および (5.43) は次のように書くことができる.

$$\boxed{\frac{\partial^2 I}{\partial t^2} = v^2\frac{\partial^2 I}{\partial x^2}} \qquad \boxed{\frac{\partial^2 V}{\partial t^2} = v^2\frac{\partial^2 V}{\partial x^2}} \tag{5.45}$$

これは, ケーブルを伝わる電流および電圧の波に関する**波動方程式**である. v はケーブルを伝わる電気信号の速度（位相速度）である.

NOTE 5.4 L [H], C [F] について

集中定数回路におけるインダクタおよびキャパシタの電流および電圧の関係は, $V = L(dI/dt)$, $I = C(dV/dt)$ である. 両式の単位を記すと次のようになる.

$$[\mathrm{V}] = \left[\mathrm{H}\cdot\frac{\mathrm{A}}{\mathrm{s}}\right], \qquad [\mathrm{A}] = \left[\mathrm{F}\cdot\frac{\mathrm{V}}{\mathrm{s}}\right]$$

したがって, [H] と [F] は次のように表すことができる.

$$[\mathrm{H}] = \left[\frac{\mathrm{V}}{\mathrm{A}}\cdot\mathrm{s}\right], \qquad [\mathrm{F}] = \left[\frac{\mathrm{A}}{\mathrm{V}}\cdot\mathrm{s}\right]$$

◆

5.5　2次元の膜を伝わる波

　本節では，太鼓に張られた皮のような2次元の膜に発生する波について，例題を通してその波動方程式を導出する．

例題 5.4

　周囲を固定された面密度 $\rho\,[\mathrm{kg/m^2}]$ の薄い膜について，2次元の波動方程式を導出しなさい．

解　面密度 $\rho\,[\mathrm{kg/m^2}]$ の薄い膜が，静止状態では図5.10に示すように xy 平面内にあり，膜の周囲は xy 平面に固定されているものとする．膜が静止状態から z 軸方向へ変位するとき，時刻 $t\,[\mathrm{s}]$ における各点の z 軸方向への変位を $z(x, y, t)\,[\mathrm{m}]$ とする．なお，$z(x, y, t)$ は膜の大きさに比べて十分小さいものとする．また，膜に作用する重力および空気抵抗は張力に比べて十分に小さく，無視できるものとする．

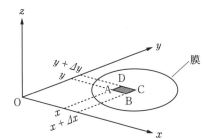

図 5.10　静止状態の膜

　図5.11は，図5.10で示した膜の微小部分 ABCD を拡大した図である．この図に示すように時刻 t において，膜の微小部分 ABCD が A'B'C'D' に変位しているものとすると，各点の変位は次のように表される．

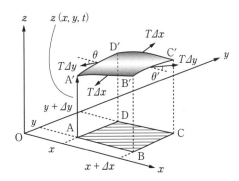

図 5.11　微小部分 ABCD が
変位した様子

$$\text{点 A} \rightarrow \text{A' への変位}\quad z(x, y, t)$$
$$\text{点 B} \rightarrow \text{B' への変位}\quad z(x + \Delta x, y, t)$$
$$\text{点 C} \rightarrow \text{C' への変位}\quad z(x + \Delta x, y + \Delta y, t)$$
$$\text{点 D} \rightarrow \text{D' への変位}\quad z(x, y + \Delta y, t)$$

膜の張力は膜の面内で一定であるものとして，膜の断面の単位長さ当りの張力の大きさを $T\,[\mathrm{N/m}]$ とすれば，膜の微小部分 A′B′C′D′ の各辺に作用している張力は次のように表される．

辺 A′B′（長さ $\Delta x\,[\mathrm{m}]$）に作用する張力の大きさ　$T \cdot \Delta x$

辺 B′C′（長さ $\Delta y\,[\mathrm{m}]$）に作用する張力の大きさ　$T \cdot \Delta y$

辺 C′D′（長さ $\Delta x\,[\mathrm{m}]$）に作用する張力の大きさ　$T \cdot \Delta x$

辺 D′A′（長さ $\Delta y\,[\mathrm{m}]$）に作用する張力の大きさ　$T \cdot \Delta y$

図 5.12 は，断面 A′B′ を $-y$ 方向から見た図である．辺 D′A′（点 D′ は点 A′ の紙面奥に位置する）に作用する張力 $T\Delta y$ の水平からの角度を θ，辺 B′C′（点 C′ は点 B′ の紙面奥に位置する）に作用する張力の水平からの角度を θ' とする．張力は，各辺の中点に作用し，θ および θ' が小さいものとすれば次の近似が成り立つ．

$$\sin \theta \approx \tan \theta \approx \left.\frac{\partial z}{\partial x}\right|_{x,\,y+\frac{1}{2}\Delta y} \tag{5.46}$$

> 辺 D′A′ の中点 $(x,\,y+\Delta y/2)$ における導関数を意味する．

$$\sin \theta' \approx \tan \theta' \approx \left.\frac{\partial z}{\partial x}\right|_{x+\Delta x,\,y+\frac{1}{2}\Delta y} \tag{5.47}$$

> 辺 B′C′ の中点 $(x+\Delta x,\,y+\Delta y/2)$ における導関数を意味する．

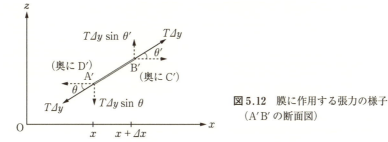

図 5.12 膜に作用する張力の様子（A′B′ の断面図）

辺 D′A′ および辺 B′C′ に作用する張力の合力について，その z 軸方向成分を F_1 とすると，

$$F_1 = T \Delta y \sin \theta' - T \Delta y \sin \theta \approx T \Delta y \tan \theta' - T \Delta y \tan \theta = T \Delta y (\tan \theta' - \tan \theta)$$

> $\Delta x \to 0$ の極限において，$\partial z/\partial x$ の導関数，すなわち $\partial^2 z/\partial x^2$ になる．

$$\approx T \Delta y \left\{ \left.\frac{\partial z}{\partial x}\right|_{x+\Delta x,\,y+\frac{1}{2}\Delta y} - \left.\frac{\partial z}{\partial x}\right|_{x,\,y+\frac{1}{2}\Delta y} \right\} = T \Delta y \cdot \frac{\left.\dfrac{\partial z}{\partial x}\right|_{x+\Delta x,\,y+\frac{1}{2}\Delta y} - \left.\dfrac{\partial z}{\partial x}\right|_{x,\,y+\frac{1}{2}\Delta y}}{\Delta x} \Delta x$$

$$\approx T \Delta y \cdot \frac{\partial^2 z}{\partial x^2} \cdot \Delta x \tag{5.48}$$

となる．同様に，辺 A′B′ および辺 C′D′ に作用する張力の合力について，その z 軸方向成分を F_2 とすると，

$$F_2 = T \Delta x \cdot \frac{\partial^2 z}{\partial y^2} \cdot \Delta y \tag{5.49}$$

である．F_1 と F_2 の合力が，膜の微小部分に z 方向の加速度 $\partial^2 z/\partial t^2$ を与えることになる．

また，微小部分 ABCD の面積は $\Delta x\,\Delta y\,[\mathrm{m}^2]$ であるから，この部分の質量 $m\,[\mathrm{kg}]$ は

$$m = \rho\,\Delta x\,\Delta y \tag{5.50}$$

である．したがって，(5.48)，(5.49) および (5.50) より，微小部分 ABCD の z 軸方向に関する運動方程式 $m\,\partial^2 z/\partial t^2 = F_1 + F_2$ は次のように書くことができる．

$$(\rho\,\Delta x\,\Delta y)\cdot\frac{\partial^2 z}{\partial t^2} = T\cdot\left(\frac{\partial^2 z}{\partial x^2} + \frac{\partial^2 z}{\partial y^2}\right)\cdot\Delta x\,\Delta y \tag{5.51}$$

これを整理すると次のようになる．

$$\boxed{\frac{\partial^2 z}{\partial t^2} = \frac{T}{\rho}\left(\frac{\partial^2 z}{\partial x^2} + \frac{\partial^2 z}{\partial y^2}\right)} \tag{5.52}$$

次に，右辺の T/ρ がどのような量であるかを調べるために，T と ρ の単位（次元）を見ることにする．膜の断面の単位長さ当りに作用する張力 T の単位は $[\mathrm{N/m}] = [(\mathrm{kg\cdot m/s^2})/\mathrm{m}] = [\mathrm{kg/s^2}]$，面密度 ρ の単位は $[\mathrm{kg/m^2}]$ であるから，T/ρ の単位は $[\mathrm{kg/s^2}]/[\mathrm{kg/m^2}] = [\mathrm{m^2/s^2}]$ となり，速度の2乗の次元をもっている．そこで，

$$v^2 = \frac{T}{\rho} \qquad \left(v = \sqrt{\frac{T}{\rho}}\right) \tag{5.53}$$

とおくと，v は膜を伝わる波の速度（位相速度）であり，(5.52) は次のように書くことができる．

$$\boxed{\frac{\partial^2 z}{\partial t^2} = v^2\left(\frac{\partial^2 z}{\partial x^2} + \frac{\partial^2 z}{\partial y^2}\right)} \tag{5.54}$$

これは，2次元の膜に関する**波動方程式**である． ◆

5.6　ベクトルの公式*

本節では3次元の波動方程式を導出するために，ベクトルに関する数学的準備を行う．3次元の xyz 直交座標系における2つのベクトル $\boldsymbol{A} = A_x\boldsymbol{i} + A_y\boldsymbol{j} + A_z\boldsymbol{k} = (A_x,\ A_y,\ A_z)$ と $\boldsymbol{B} = B_x\boldsymbol{i} + B_y\boldsymbol{j} + B_z\boldsymbol{k} = (B_x,\ B_y,\ B_z)$ について，内積，外積および微分演算子 ∇ との演算を以下にまとめる．

5.6.1　ベクトルの内積 $\boldsymbol{A}\cdot\boldsymbol{B}$

2つのベクトル $\boldsymbol{A}$ と $\boldsymbol{B}$ の大きさと，両者がなす角 θ の大きさがそれぞれわかっているとき，ベクトルの**内積**は次式で求められる．

$$\boldsymbol{A}\cdot\boldsymbol{B} = |\boldsymbol{A}|\cdot|\boldsymbol{B}|\cdot\cos\theta \tag{5.55}$$

ただし，内積の結果はスカラーである．スカラーとは，計算結果が1つの数値として求められることを意味する．スカラーの対となる用語はベクトルである．(5.55) は，図5.13に示すように，ベクトル $\boldsymbol{A}$ の大きさ A と，ベクトル $\boldsymbol{B}$ をベクトル $\boldsymbol{A}$ に射影した長さ $B\cos\theta$ との積

を表している．（5.55）を用いて，直交座標系における基本ベクトル $\boldsymbol{i}$, $\boldsymbol{j}$, $\boldsymbol{k}$ 同士の内積を図 5.14 にまとめる．なお，**基本ベクトル**とは，x 軸方向，y 軸方向，z 軸方向の単位ベクトル（長さが1のベクトル）である．

次に，2つのベクトルの成分がわかっているときの内積は，分配の法則および図 5.14 で示した基本ベクトル同士の内積の結果を用いて，次のように表すことができる．

$$
\begin{aligned}
\boldsymbol{A} \cdot \boldsymbol{B} &= (A_x\boldsymbol{i} + A_y\boldsymbol{j} + A_z\boldsymbol{k}) \cdot (B_x\boldsymbol{i} + B_y\boldsymbol{j} + B_z\boldsymbol{k}) \\
&= A_xB_x\boldsymbol{i}\cdot\boldsymbol{i} + A_xB_y\boldsymbol{i}\cdot\boldsymbol{j} + A_xB_z\boldsymbol{i}\cdot\boldsymbol{k} + A_yB_x\boldsymbol{j}\cdot\boldsymbol{i} + A_yB_y\boldsymbol{j}\cdot\boldsymbol{j} + A_yB_z\boldsymbol{j}\cdot\boldsymbol{k} \\
&\qquad\qquad\qquad\qquad\qquad + A_zB_x\boldsymbol{k}\cdot\boldsymbol{i} + A_zB_y\boldsymbol{k}\cdot\boldsymbol{j} + A_zB_z\boldsymbol{k}\cdot\boldsymbol{k} \\
&= A_xB_x + 0 + 0 + 0 + A_yB_y + 0 + 0 + 0 + A_zB_z \\
&= A_xB_x + A_yB_y + A_zB_z \qquad\qquad\qquad\qquad\qquad\qquad (5.56)
\end{aligned}
$$

この式には3つの項があるが，和を計算すると1つの数値になることから，内積の結果はスカラーであることが改めて確認できる．

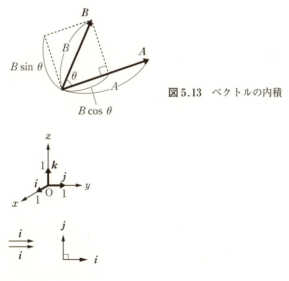

図 5.13　ベクトルの内積

$\boldsymbol{i}\cdot\boldsymbol{i} = 1\cdot1\cdot\cos 0 = 1$
$\boldsymbol{i}\cdot\boldsymbol{i} = \boldsymbol{j}\cdot\boldsymbol{j} = \boldsymbol{k}\cdot\boldsymbol{k} = 1$

$\boldsymbol{i}\cdot\boldsymbol{j} = 1\cdot1\cdot\cos\dfrac{\pi}{2} = 0$
$\boldsymbol{i}\cdot\boldsymbol{j} = \boldsymbol{j}\cdot\boldsymbol{i} = \boldsymbol{j}\cdot\boldsymbol{k} = \boldsymbol{k}\cdot\boldsymbol{j} = \boldsymbol{k}\cdot\boldsymbol{i} = \boldsymbol{i}\cdot\boldsymbol{k} = 0$

図 5.14　基本ベクトル同士の内積

5.6.2　ナブラ演算子とベクトルとの内積 $\nabla \cdot \boldsymbol{A}$

ナブラ演算子 ∇ とベクトル $\boldsymbol{A}$ との内積 $\nabla \cdot \boldsymbol{A}$ について記述する．$\nabla \cdot \boldsymbol{A}$ の結果は，スカラーである．xyz 直交座標系におけるナブラ演算子は，次式で定義されるように偏微分と基本

ベクトル i, j, k を組み合わせた**微分演算子**である.

$$\nabla = i\frac{\partial}{\partial x} + j\frac{\partial}{\partial y} + k\frac{\partial}{\partial z} \tag{5.57}$$

ナブラ演算子 ∇ とベクトル A の内積を (5.56) にならって計算すると，次のようになる.

$$\nabla \cdot A = \left(i\frac{\partial}{\partial x} + j\frac{\partial}{\partial y} + k\frac{\partial}{\partial z}\right)\cdot(A_x i + A_y j + A_z k)$$

$$= \frac{\partial A_x}{\partial x}i\cdot i + \frac{\partial A_y}{\partial x}i\cdot j + \frac{\partial A_z}{\partial x}i\cdot k + \frac{\partial A_x}{\partial y}j\cdot i + \frac{\partial A_y}{\partial y}j\cdot j + \frac{\partial A_z}{\partial y}j\cdot k$$

$$+ \frac{\partial A_x}{\partial z}k\cdot i + \frac{\partial A_y}{\partial z}k\cdot j + \frac{\partial A_z}{\partial z}k\cdot k$$

$$= \frac{\partial A_x}{\partial x}\cdot 1 + \frac{\partial A_y}{\partial x}\cdot 0 + \frac{\partial A_z}{\partial x}\cdot 0 + \frac{\partial A_x}{\partial y}\cdot 0 + \frac{\partial A_y}{\partial y}\cdot 1 + \frac{\partial A_z}{\partial y}\cdot 0$$

$$+ \frac{\partial A_x}{\partial z}\cdot 0 + \frac{\partial A_y}{\partial z}\cdot 0 + \frac{\partial A_z}{\partial z}\cdot 1$$

$$= \frac{\partial A_x}{\partial x} + 0 + 0 + 0 + \frac{\partial A_y}{\partial y} + 0 + 0 + 0 + \frac{\partial A_z}{\partial z}$$

$$= \frac{\partial A_x}{\partial x} + \frac{\partial A_y}{\partial y} + \frac{\partial A_z}{\partial z} \tag{5.58}$$

ベクトル同士の内積の結果がスカラーであったのと同様に，$\nabla \cdot A$ の結果もスカラーである. $\nabla \cdot A$ は $\mathrm{div}\,A$（ダイバージェンス エーと読む）と書かれることもある.

5.6.3 ラプラシアン△

ナブラ演算子の2乗 ∇^2 を $\triangle$ と書いて**ラプラシアン**とよぶ．まず ∇^2 を計算して，ラプラシアンとはどのような演算子であるかについて調べることにする．次に，ラプラシアンをベクトル A に作用させるとどのようになるか記述することにする.

$\nabla^2 = \nabla \cdot \nabla$ を (5.56) にならって計算すると，次のようになる.

$$\nabla^2 = \nabla \cdot \nabla = \left(i\frac{\partial}{\partial x} + j\frac{\partial}{\partial y} + k\frac{\partial}{\partial z}\right)\cdot\left(i\frac{\partial}{\partial x} + j\frac{\partial}{\partial y} + k\frac{\partial}{\partial z}\right)$$

$$= i\cdot i\frac{\partial^2}{\partial x^2} + i\cdot j\frac{\partial^2}{\partial x\,\partial y} + i\cdot k\frac{\partial^2}{\partial x\,\partial z} + j\cdot i\frac{\partial^2}{\partial y\,\partial x} + j\cdot j\frac{\partial^2}{\partial y^2} + j\cdot k\frac{\partial^2}{\partial y\,\partial z}$$

$$+ k\cdot i\frac{\partial^2}{\partial z\,\partial x} + k\cdot j\frac{\partial^2}{\partial z\,\partial y} + k\cdot k\frac{\partial^2}{\partial z^2}$$

$$= 1\cdot\frac{\partial^2}{\partial x^2} + 0\cdot\frac{\partial^2}{\partial x\,\partial y} + 0\cdot\frac{\partial^2}{\partial x\,\partial z} + 0\cdot\frac{\partial^2}{\partial y\,\partial x} + 1\cdot\frac{\partial^2}{\partial y^2} + 0\cdot\frac{\partial^2}{\partial y\,\partial z}$$

$$+ 0\cdot\frac{\partial^2}{\partial z\,\partial x} + 0\cdot\frac{\partial^2}{\partial z\,\partial y} + 1\cdot\frac{\partial^2}{\partial z^2}$$

$$= \frac{\partial^2}{\partial x^2} + \frac{\partial^2}{\partial y^2} + \frac{\partial^2}{\partial z^2} \tag{5.59}$$

この結果を，次のように書く.

$$\Delta = \nabla^2 = \frac{\partial^2}{\partial x^2} + \frac{\partial^2}{\partial y^2} + \frac{\partial^2}{\partial z^2} \tag{5.60}$$

(5.60) を用いて，Δ（$= \nabla^2$）をベクトル $\boldsymbol{A}$ に作用させると，

$$\Delta \boldsymbol{A} = \nabla^2 \boldsymbol{A} = \left(\frac{\partial^2}{\partial x^2} + \frac{\partial^2}{\partial y^2} + \frac{\partial^2}{\partial z^2}\right)\boldsymbol{A} = \frac{\partial^2 \boldsymbol{A}}{\partial x^2} + \frac{\partial^2 \boldsymbol{A}}{\partial y^2} + \frac{\partial^2 \boldsymbol{A}}{\partial z^2}$$

$$= \frac{\partial^2}{\partial x^2}\left(A_x \boldsymbol{i} + A_y \boldsymbol{j} + A_z \boldsymbol{k}\right) + \frac{\partial^2}{\partial y^2}\left(A_x \boldsymbol{i} + A_y \boldsymbol{j} + A_z \boldsymbol{k}\right) + \frac{\partial^2}{\partial z^2}\left(A_x \boldsymbol{i} + A_y \boldsymbol{j} + A_z \boldsymbol{k}\right)$$

$$= \frac{\partial^2 A_x}{\partial x^2}\boldsymbol{i} + \frac{\partial^2 A_y}{\partial x^2}\boldsymbol{j} + \frac{\partial^2 A_z}{\partial x^2}\boldsymbol{k} + \frac{\partial^2 A_x}{\partial y^2}\boldsymbol{i} + \frac{\partial^2 A_y}{\partial y^2}\boldsymbol{j} + \frac{\partial^2 A_z}{\partial y^2}\boldsymbol{k}$$

$$+ \frac{\partial^2 A_x}{\partial z^2}\boldsymbol{i} + \frac{\partial^2 A_y}{\partial z^2}\boldsymbol{j} + \frac{\partial^2 A_z}{\partial z^2}\boldsymbol{k}$$

$$= \left(\frac{\partial^2 A_x}{\partial x^2} + \frac{\partial^2 A_x}{\partial y^2} + \frac{\partial^2 A_x}{\partial z^2}\right)\boldsymbol{i} + \left(\frac{\partial^2 A_y}{\partial x^2} + \frac{\partial^2 A_y}{\partial y^2} + \frac{\partial^2 A_y}{\partial z^2}\right)\boldsymbol{j}$$

$$+ \left(\frac{\partial^2 A_z}{\partial x^2} + \frac{\partial^2 A_z}{\partial y^2} + \frac{\partial^2 A_z}{\partial z^2}\right)\boldsymbol{k}$$

$$= \left(\frac{\partial^2 A_x}{\partial x^2} + \frac{\partial^2 A_x}{\partial y^2} + \frac{\partial^2 A_x}{\partial z^2},\ \frac{\partial^2 A_y}{\partial x^2} + \frac{\partial^2 A_y}{\partial y^2} + \frac{\partial^2 A_y}{\partial z^2},\ \frac{\partial^2 A_z}{\partial x^2} + \frac{\partial^2 A_z}{\partial y^2} + \frac{\partial^2 A_z}{\partial z^2}\right)$$

$$\tag{5.61}$$

となり，x, y, z の 3 つの成分があるので，$\Delta \boldsymbol{A} = (\nabla^2 \boldsymbol{A})$ の結果はベクトルである．

NOTE 5.5　関数にラプラシアンを作用させる

（5.61）ではベクトルに Δ を作用させたが，次のように Δ を関数に作用させる場合もある．結果はスカラーとなる．

例　$f(x, y, z) = xy^2 z^3$ のとき

$$\Delta f(x, y, z) = \left(\frac{\partial^2}{\partial x^2} + \frac{\partial^2}{\partial y^2} + \frac{\partial^2}{\partial z^2}\right) f(x, y, z) = \frac{\partial^2 (xy^2 z^3)}{\partial x^2} + \frac{\partial^2 (xy^2 z^3)}{\partial y^2} + \frac{\partial^2 (xy^2 z^3)}{\partial z^2}$$

$$= 0 + 2xz^3 + 6xy^2 z = 2xz^3 + 6xy^2 z$$

5.6.4　ベクトルの外積 $\boldsymbol{A} \times \boldsymbol{B}$

2 つのベクトル $\boldsymbol{A}$ と $\boldsymbol{B}$ の**外積** $\boldsymbol{A} \times \boldsymbol{B}$ の結果は，次頁の図 5.15 に示すように新たなベクトル $\boldsymbol{C}$ を生み出す．つまり，ベクトルの外積の結果はベクトルとなる．ベクトルは大きさと向きによって決まるので，以下にベクトル $\boldsymbol{C}$ がどのようなベクトルであるかを記す．

（1）　$\boldsymbol{C}$ の向き

図 5.15 のように，$\boldsymbol{A}$ を $\boldsymbol{B}$ に寄せるように回転させる向きに，右手の親指以外の 4 本の指の向きを合わせたとき，親指の向きをベクトル $\boldsymbol{C}$ の向きと決める．$\boldsymbol{A}$ と $\boldsymbol{B}$ が作る平面に対

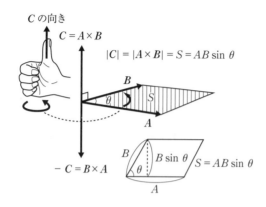

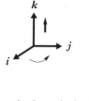

$$i \times j = -j \times i = k$$

$$j \times k = -k \times j = i$$

$$k \times i = -i \times k = j$$

$$i \times i = j \times j = k \times k = 0$$

図5.15　ベクトルの外積　　　　　　図5.16　基本ベクトル同士の外積

してＣは垂直である.

（2）　**C**の大きさ

　　Aと**B**を辺とする平行四辺形の面積$S = AB\sin\theta$を，ベクトル**C**の大きさと決める.

　（1）と（2）に基づいて作られる新たなベクトル**C**を，外積$A \times B$と定義する. 外積の順序を変えると，図5.15に示したように$B \times A = -C$となり，**C**とは逆方向のベクトルとなることに注意する. また，**A**と**B**が平行のときSは0になるから$C = 0$である.

　図5.16は基本ベクトル同士の外積を表している. この結果を用いて，$A \times B$の成分表示を以下に求める.

$$A \times B = (A_x i + A_y j + A_z k) \times (B_x i + B_y j + B_z k)$$

$$= \underline{A_x B_x i \times i + A_x B_y i \times j + A_x B_z i \times k} + \underline{A_y B_x j \times i + A_y B_y j \times j + A_y B_z j \times k}$$

$$\underline{+ A_z B_x k \times i + A_z B_y k \times j + A_z B_z k \times k}$$

$$= 0 + A_x B_y k + A_x B_z(-j) + A_y B_x(-k) + 0 + A_y B_z i + A_z B_x j + A_z B_y(-i) + 0$$

$$= (A_y B_z - A_z B_y) i + (A_z B_x - A_x B_z) j + (A_x B_y - A_y B_x) k$$

$$= (A_y B_z - A_z B_y,\ A_z B_x - A_x B_z,\ A_x B_y - A_y B_x) \tag{5.62}$$

したがって，2つのベクトルの外積$A \times B$の結果は，x, y, z成分をもつベクトルであることが改めてわかる.

5.6.5　ナブラ演算子とベクトルとの外積 $\nabla \times A$

　ナブラ演算子∇とベクトル**A**の外積を（5.62）にならって計算すると，次のようにベクトルとなる. なお，計算の途中で，図5.16の関係を用いる.

$$\nabla \times A = \left(i \frac{\partial}{\partial x} + j \frac{\partial}{\partial y} + k \frac{\partial}{\partial z} \right) \times (A_x i + A_y j + A_z k)$$

$$= \underline{\frac{\partial A_x}{\partial x} i \times i + \frac{\partial A_y}{\partial x} i \times j + \frac{\partial A_z}{\partial x} i \times k} + \underline{\frac{\partial A_x}{\partial y} j \times i + \frac{\partial A_y}{\partial y} j \times j + \frac{\partial A_z}{\partial y} j \times k}$$

$$+ \frac{\partial A_x}{\partial z} \boldsymbol{k}\times\boldsymbol{i} + \frac{\partial A_y}{\partial z} \boldsymbol{k}\times\boldsymbol{j} + \frac{\partial A_z}{\partial z} \boldsymbol{k}\times\boldsymbol{k}$$

$$= 0 + \frac{\partial A_y}{\partial x}\boldsymbol{k} + \frac{\partial A_z}{\partial x}(-\boldsymbol{j}) + \frac{\partial A_x}{\partial y}(-\boldsymbol{k}) + 0 + \frac{\partial A_z}{\partial y}\boldsymbol{i} + \frac{\partial A_x}{\partial z}\boldsymbol{j} + \frac{\partial A_y}{\partial z}(-\boldsymbol{i}) + 0$$

$$= \left(\frac{\partial A_z}{\partial y} - \frac{\partial A_y}{\partial z}\right)\boldsymbol{i} + \left(\frac{\partial A_x}{\partial z} - \frac{\partial A_z}{\partial x}\right)\boldsymbol{j} + \left(\frac{\partial A_y}{\partial x} - \frac{\partial A_x}{\partial y}\right)\boldsymbol{k}$$

$$= \left(\frac{\partial A_z}{\partial y} - \frac{\partial A_y}{\partial z},\ \frac{\partial A_x}{\partial z} - \frac{\partial A_z}{\partial x},\ \frac{\partial A_y}{\partial x} - \frac{\partial A_x}{\partial y}\right) \tag{5.63}$$

したがって，$\nabla\times\boldsymbol{A}$ の結果は $x,\ y,\ z$ 成分をもつベクトルである．$\nabla\times\boldsymbol{A}$ は rot $\boldsymbol{A}$（ローテーション エーと読む）と書かれることもある．

5.6.6 ナブラ演算子の公式 $\nabla\times(\nabla\times\boldsymbol{A})$

ナブラ演算子 ∇ と $\nabla\times\boldsymbol{A}$ との外積 $\nabla\times(\nabla\times\boldsymbol{A})$ は，以下に示すようにベクトルとなる．計算では，$\nabla\times\boldsymbol{A}$（ベクトル）の x 成分を $(\nabla\times\boldsymbol{A})_x$，$y$ 成分を $(\nabla\times\boldsymbol{A})_y$，$z$ 成分を $(\nabla\times\boldsymbol{A})_z$ と書いて（5.63）を用いる．また，$\partial/\partial y\cdot\partial A_y/\partial x \to \partial/\partial x\cdot\partial A_y/\partial y$ のように偏微分する順序を適宜入れかえたり，式の形を整えるために $\partial^2 A_x/\partial x^2 - \partial^2 A_x/\partial x^2\ (=0)$ などを加えて計算を実行している．

$$\nabla\times(\nabla\times\boldsymbol{A})$$

$$= \left\{\frac{\partial(\nabla\times\boldsymbol{A})_z}{\partial y} - \frac{\partial(\nabla\times\boldsymbol{A})_y}{\partial z}\right\}\boldsymbol{i} + \left\{\frac{\partial(\nabla\times\boldsymbol{A})_x}{\partial z} - \frac{\partial(\nabla\times\boldsymbol{A})_z}{\partial x}\right\}\boldsymbol{j}$$

$$+ \left\{\frac{\partial(\nabla\times\boldsymbol{A})_y}{\partial x} - \frac{\partial(\nabla\times\boldsymbol{A})_x}{\partial y}\right\}\boldsymbol{k}$$

$$= \left\{\frac{\partial}{\partial y}\left(\frac{\partial A_y}{\partial x} - \frac{\partial A_x}{\partial y}\right) - \frac{\partial}{\partial z}\left(\frac{\partial A_x}{\partial z} - \frac{\partial A_z}{\partial x}\right)\right\}\boldsymbol{i} + \left\{\frac{\partial}{\partial z}\left(\frac{\partial A_z}{\partial y} - \frac{\partial A_y}{\partial z}\right) - \frac{\partial}{\partial x}\left(\frac{\partial A_y}{\partial x} - \frac{\partial A_x}{\partial y}\right)\right\}\boldsymbol{j}$$

$$+ \left\{\frac{\partial}{\partial x}\left(\frac{\partial A_x}{\partial z} - \frac{\partial A_z}{\partial x}\right) - \frac{\partial}{\partial y}\left(\frac{\partial A_z}{\partial y} - \frac{\partial A_y}{\partial z}\right)\right\}\boldsymbol{k}$$

$$= \left\{\frac{\partial}{\partial x}\left(\frac{\partial A_y}{\partial y} + \frac{\partial A_z}{\partial z}\right) - \left(\frac{\partial^2 A_x}{\partial y^2} + \frac{\partial^2 A_x}{\partial z^2}\right)\right\}\boldsymbol{i} + \left\{\frac{\partial}{\partial y}\left(\frac{\partial A_z}{\partial z} + \frac{\partial A_x}{\partial x}\right) - \left(\frac{\partial^2 A_y}{\partial z^2} + \frac{\partial^2 A_y}{\partial x^2}\right)\right\}\boldsymbol{j}$$

$$+ \left\{\frac{\partial}{\partial z}\left(\frac{\partial A_x}{\partial x} + \frac{\partial A_y}{\partial y}\right) - \left(\frac{\partial^2 A_z}{\partial x^2} + \frac{\partial^2 A_z}{\partial y^2}\right)\right\}\boldsymbol{k}$$

$$= \left\{\frac{\partial}{\partial x}\left(\frac{\partial A_x}{\partial x} + \frac{\partial A_y}{\partial y} + \frac{\partial A_z}{\partial z}\right) - \left(\frac{\partial^2 A_x}{\partial x^2} + \frac{\partial^2 A_x}{\partial y^2} + \frac{\partial^2 A_x}{\partial z^2}\right)\right\}\boldsymbol{i}$$

$$+ \left\{\frac{\partial}{\partial y}\left(\frac{\partial A_x}{\partial x} + \frac{\partial A_y}{\partial y} + \frac{\partial A_z}{\partial z}\right) - \left(\frac{\partial^2 A_y}{\partial x^2} + \frac{\partial^2 A_y}{\partial y^2} + \frac{\partial^2 A_y}{\partial z^2}\right)\right\}\boldsymbol{j}$$

$$+ \left\{\frac{\partial}{\partial z}\left(\frac{\partial A_x}{\partial x} + \frac{\partial A_y}{\partial y} + \frac{\partial A_z}{\partial z}\right) - \left(\frac{\partial^2 A_z}{\partial x^2} + \frac{\partial^2 A_z}{\partial y^2} + \frac{\partial^2 A_z}{\partial z^2}\right)\right\}\boldsymbol{k}$$

$$= \left(\frac{\partial}{\partial x}(\nabla\cdot\boldsymbol{A}) - (\nabla^2 A_x)\right)\boldsymbol{i} + \left(\frac{\partial}{\partial y}(\nabla\cdot\boldsymbol{A}) - (\nabla^2 A_y)\right)\boldsymbol{j} + \left(\frac{\partial}{\partial z}(\nabla\cdot\boldsymbol{A}) - (\nabla^2 A_z)\right)\boldsymbol{k}$$

$$= \left(\boldsymbol{i}\frac{\partial}{\partial x} + \boldsymbol{j}\frac{\partial}{\partial y} + \boldsymbol{k}\frac{\partial}{\partial z}\right)(\nabla \cdot \boldsymbol{A}) - \nabla^2(A_x\boldsymbol{i} + A_y\boldsymbol{j} + A_z\boldsymbol{k})$$

$$= \nabla(\nabla \cdot \boldsymbol{A}) - \nabla^2\boldsymbol{A} \tag{5.64}$$

　このように，$\nabla \times (\nabla \times \boldsymbol{A})$ の結果はベクトルになる.

5.7　3次元空間を伝わる電磁波

　本節では，**マクスウエルの方程式**に前節で説明したベクトルの公式を適用することによって，3次元空間を伝わる電磁波に関する波動方程式を導出する.

例題 5.5

　マクスウエルの方程式から，3次元空間における**電磁波**の波動方程式を導きなさい.

解　マクスウエルの方程式は，

$$
\begin{array}{ll}
\text{電界ベクトル} & \boldsymbol{E}\,(x,\,y,\,z,\,t) \\
\text{磁界ベクトル} & \boldsymbol{H}\,(x,\,y,\,z,\,t) \\
\text{電束密度ベクトル} & \boldsymbol{D}\,(x,\,y,\,z,\,t) \\
\text{磁束密度ベクトル} & \boldsymbol{B}\,(x,\,y,\,z,\,t)
\end{array}
$$

および，

$$\text{真空の誘電率}\quad \varepsilon_0 = \frac{10^7}{4\pi c^2}\,[\mathrm{F/m}] = 8.8541\cdots\times10^{-12}\,\mathrm{F/m} \tag{5.65}$$

$$\text{真空の透磁率}\quad \mu_0 = 4\pi\times10^{-7}\,[\mathrm{H/m}] = 1.2566\cdots\times10^{-6}\,\mathrm{H/m} \tag{5.66}$$

を用いて表される.

$$\nabla \times \boldsymbol{E} = -\frac{\partial \boldsymbol{B}}{\partial t} \tag{5.67}$$

$$\nabla \times \boldsymbol{H} = \frac{\partial \boldsymbol{D}}{\partial t} + \boldsymbol{i} \qquad (\boldsymbol{i}\text{ は真電流の電流密度}) \tag{5.68}$$

$$\nabla \cdot \boldsymbol{B} = 0 \tag{5.69}$$

$$\nabla \cdot \boldsymbol{D} = \rho \qquad (\rho\text{ は真電荷の電荷密度}) \tag{5.70}$$

　いま，空間に真電流 $\boldsymbol{i}$ および真電荷 ρ がないものとすれば，上記のマクスウエルの方程式は次のように表される.

$$\nabla \times \boldsymbol{E} = -\frac{\partial \boldsymbol{B}}{\partial t} \tag{5.71}$$

$$\nabla \times \boldsymbol{H} = \frac{\partial \boldsymbol{D}}{\partial t} \tag{5.72}$$

$$\nabla \cdot \boldsymbol{B} = 0 \tag{5.73}$$

$$\nabla \cdot \boldsymbol{D} = 0 \tag{5.74}$$

電界 E と電束密度 D および磁界 H と磁束密度 B の間には

$$D = \varepsilon_0 E \tag{5.75}$$

$$B = \mu_0 H \tag{5.76}$$

という関係があるから，これらを (5.71) および (5.72) に代入すると，

$$\nabla \times E = -\mu_0 \frac{\partial H}{\partial t} \tag{5.77}$$

$$\nabla \times H = \varepsilon_0 \frac{\partial E}{\partial t} \tag{5.78}$$

となる．両式に，左側から $\nabla \times$ を演算すると

$$\nabla \times (\nabla \times E) = -\mu_0 \frac{\partial}{\partial t}(\nabla \times H) \tag{5.79}$$

$$\nabla \times (\nabla \times H) = \varepsilon_0 \frac{\partial}{\partial t}(\nabla \times E) \tag{5.80}$$

となる．なお，t による微分と $x,\ y,\ z$ による微分は順序の入れかえが可能であるから，$\partial/\partial t$ と $\nabla \times$ の順序を入れかえた．両式の右辺の $\nabla \times H$ および $\nabla \times E$ を (5.77) および (5.78) を使って書きかえると，

$$\nabla \times (\nabla \times E) = -\mu_0 \frac{\partial}{\partial t}\left(\varepsilon_0 \frac{\partial E}{\partial t}\right) \tag{5.81}$$

$$\nabla \times (\nabla \times H) = \varepsilon_0 \frac{\partial}{\partial t}\left(-\mu_0 \frac{\partial H}{\partial t}\right) \tag{5.82}$$

となる．

さらに，(5.64) に示したベクトル演算の公式 $\nabla \times (\nabla \times A) = \nabla(\nabla \cdot A) - \nabla^2 A$ を用いると，両式は次のように書き直すことができる．

$$\nabla(\nabla \cdot E) - \nabla^2 E = -\varepsilon_0 \mu_0 \frac{\partial^2 E}{\partial t^2} \tag{5.83}$$

$$\nabla(\nabla \cdot H) - \nabla^2 H = -\varepsilon_0 \mu_0 \frac{\partial^2 H}{\partial t^2} \tag{5.84}$$

(5.73) 〜 (5.76) より $\nabla \cdot E = 0$ および $\nabla \cdot H = 0$ であるから，(5.83) と (5.84) の左辺第 1 項は 0 である．よって，次のように整理できる．

$$\boxed{\frac{\partial^2 E}{\partial t^2} = \frac{1}{\varepsilon_0 \mu_0} \nabla^2 E} \tag{5.85}$$

$$\boxed{\frac{\partial^2 H}{\partial t^2} = \frac{1}{\varepsilon_0 \mu_0} \nabla^2 H} \tag{5.86}$$

次に，$1/\varepsilon_0\mu_0$ の単位について調べることにする．ε_0 と μ_0 の単位は，(5.65) と (5.66) に示したように，[F/m] と [H/m] である．また，後の **NOTE 5.6** に示すように [F] $= [(1/\Omega)\cdot\mathrm{s}]$，[H] $= [\Omega\cdot\mathrm{s}]$ であるから，$1/\varepsilon_0\mu_0$ の単位は $[1/(\mathrm{F/m})][1/(\mathrm{H/m})] = [\mathrm{m/F}][\mathrm{m/H}] = [\mathrm{m/(s/\Omega)}][\mathrm{m/(\Omega\cdot s)}] = [\mathrm{m^2/s^2}]$ であることがわかる．以上から，$1/\varepsilon_0\mu_0$ は速度の 2 乗の次元をもっていることがわかる．(5.65) と

(5.66) を使って具体的に計算してみると,

$$\sqrt{\frac{1}{\varepsilon_0\mu_0}} = \sqrt{\frac{1}{8.8541 \times 10^{-12} \times 1.2566 \times 10^{-6}}} = 2.9979 \times 10^8 \, \text{m/s} \tag{5.87}$$

となり, これは真空中での光速 c に等しいから

$$\frac{1}{\varepsilon_0\mu_0} = c^2 \quad \left(\sqrt{\frac{1}{\varepsilon_0\mu_0}} = c\right) \quad (c \text{ は真空における光の速度}) \tag{5.88}$$

である.

よって, (5.85) および (5.86) は次のように書くことができる.

$$\boxed{\frac{\partial^2 \boldsymbol{E}}{\partial t^2} = c^2 \, \nabla^2 \boldsymbol{E}} \quad \text{または} \quad \frac{\partial^2 \boldsymbol{E}}{\partial t^2} = c^2 \, \Delta \boldsymbol{E} \tag{5.89}$$

$$\boxed{\frac{\partial^2 \boldsymbol{H}}{\partial t^2} = c^2 \, \nabla^2 \boldsymbol{H}} \quad \text{または} \quad \frac{\partial^2 \boldsymbol{H}}{\partial t^2} = c^2 \, \Delta \boldsymbol{H} \tag{5.90}$$

両式は, 電磁波に関する 3 次元の**波動方程式**である.

NOTE 5.6 L [H], C [F] について

インダクタおよびキャパシタの電流および電圧の関係は, $V = L(dI/dt)$, $I = C(dV/dt)$ である. 両式の単位を記すと次のようになる.

$$[\text{V}] = \left[\text{H} \cdot \frac{\text{A}}{\text{s}}\right], \quad [\text{A}] = \left[\text{F} \cdot \frac{\text{V}}{\text{s}}\right]$$

また, オームの法則 $V = RI$ の単位は [V] = [Ω·A] であることも併せて用いると, [F] と [H] は次のように表すことができる.

$$[\text{F}] = \left[\text{A} \cdot \frac{\text{s}}{\text{V}}\right] = \left[\frac{\text{A}}{\text{V}} \cdot \text{s}\right] = \left[\frac{1}{\Omega} \cdot \text{s}\right], \quad [\text{H}] = \left[\text{V} \cdot \frac{\text{s}}{\text{A}}\right] = \left[\frac{\text{V}}{\text{A}} \cdot \text{s}\right] = [\Omega \cdot \text{s}]$$

(5.61) で示したように $\nabla^2 \boldsymbol{A} = \left(\dfrac{\partial^2}{\partial x^2} + \dfrac{\partial^2}{\partial y^2} + \dfrac{\partial^2}{\partial z^2}\right)\boldsymbol{A}$ であるから, (5.89) の $\dfrac{\partial^2 \boldsymbol{E}}{\partial t^2} = c^2 \, \nabla^2 \boldsymbol{E}$ は

$$\frac{\partial^2 \boldsymbol{E}}{\partial t^2} = c^2 \left(\frac{\partial^2}{\partial x^2} + \frac{\partial^2}{\partial y^2} + \frac{\partial^2}{\partial z^2}\right)\boldsymbol{E} \tag{5.91}$$

である. (5.91) を x, y, z の各成分について記すと, 次のようになる.

$$\frac{\partial^2 E_x}{\partial t^2} = c^2 \left(\frac{\partial^2 E_x}{\partial x^2} + \frac{\partial^2 E_x}{\partial y^2} + \frac{\partial^2 E_x}{\partial z^2}\right) \tag{5.92}$$

$$\frac{\partial^2 E_y}{\partial t^2} = c^2 \left(\frac{\partial^2 E_y}{\partial x^2} + \frac{\partial^2 E_y}{\partial y^2} + \frac{\partial^2 E_y}{\partial z^2}\right) \tag{5.93}$$

$$\frac{\partial^2 E_z}{\partial t^2} = c^2 \left(\frac{\partial^2 E_z}{\partial x^2} + \frac{\partial^2 E_z}{\partial y^2} + \frac{\partial^2 E_z}{\partial z^2}\right) \tag{5.94}$$

同様に (5.90) は

$$\frac{\partial^2 \boldsymbol{H}}{\partial t^2} = c^2 \left(\frac{\partial^2}{\partial x^2} + \frac{\partial^2}{\partial y^2} + \frac{\partial^2}{\partial z^2} \right) \boldsymbol{H} \tag{5.95}$$

であるから，成分で書くと次のようになる．

$$\frac{\partial^2 H_x}{\partial t^2} = c^2 \left(\frac{\partial^2 H_x}{\partial x^2} + \frac{\partial^2 H_x}{\partial y^2} + \frac{\partial^2 H_x}{\partial z^2} \right) \tag{5.96}$$

$$\frac{\partial^2 H_y}{\partial t^2} = c^2 \left(\frac{\partial^2 H_y}{\partial x^2} + \frac{\partial^2 H_y}{\partial y^2} + \frac{\partial^2 H_y}{\partial z^2} \right) \tag{5.97}$$

$$\frac{\partial^2 H_z}{\partial t^2} = c^2 \left(\frac{\partial^2 H_z}{\partial x^2} + \frac{\partial^2 H_z}{\partial y^2} + \frac{\partial^2 H_z}{\partial z^2} \right) \tag{5.98}$$

　以上が，電磁波に関する波動方程式の一般的な表現であるが，このままではイメージがつかみにくいので，以下に，電界ベクトル $\boldsymbol{E}$ が y 軸方向に振動し，磁界ベクトル $\boldsymbol{H}$ が x 軸方向に振動するものに限って図示することを試みる．

　電界ベクトル $\boldsymbol{E}$ が y 軸方向に振動するということは，$\boldsymbol{E} = (0, E_y, 0)$ のように y 成分のみが存在するということである．ここでは，$E_y = E_y(z, t)$ とする．これを（5.93）に代入すると

> $E_y(z, t)$ は，z と t の関数なので x および y で微分すると 0 になる．

$$\frac{\partial^2 E_y}{\partial t^2} = c^2 \left(0 + 0 + \frac{\partial^2 E_y}{\partial z^2} \right)$$

となる．なお，代入に際して $E_y(z, t)$ が z と t の関数であることを表す (z, t) は省略した．その結果，（5.93）は次のように E_y に関する1次元の波動方程式となる．

$$\frac{\partial^2 E_y}{\partial t^2} = c^2 \frac{\partial^2 E_y}{\partial z^2} \tag{5.99}$$

同様に，x 軸方向に振動する磁界ベクトルには x 成分のみが存在するので，$\boldsymbol{H} = (H_x(z, t), 0, 0)$ とすれば，（5.96）も次のように1次元の波動方程式と同じ形になる．

$$\frac{\partial^2 H_x}{\partial t^2} = c^2 \left(0 + 0 + \frac{\partial^2 H_x}{\partial z^2} \right)$$

$$\frac{\partial^2 H_x}{\partial t^2} = c^2 \frac{\partial^2 H_x}{\partial z^2} \tag{5.100}$$

　（5.99）と（5.100）は，図5.17に示すように y 軸方向に振動する電界ベクトル $\boldsymbol{E}$ と x 軸方向に振動する磁界ベクトル $\boldsymbol{H}$ が，互いに垂直の関係を保ちながら z 軸方向に進行する電磁波を表す波動方程式である．（5.91）および（5.95）を満たす電磁波についても，電界ベクトル $\boldsymbol{E}$ と磁界ベクトル $\boldsymbol{H}$ が互いに垂直の関係を保ちながら3次元空間で，初期条件によって決まる特定の方向に進行することになる．

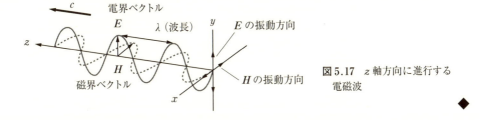

図5.17　z 軸方向に進行する電磁波

章 末 問 題

【5.1】 ベクトルに関する以下の問いに答えなさい.

（1） $A = (1, 2, 3)$, $B = (3, 2, 1)$ のとき, $A \cdot B$ および $A \times B$ を求めなさい.

（2） $A = (xyz, 2xy^3z^2, -x^3yz^2)$ のとき, $\nabla \cdot A$, ΔA および $\nabla \times A$ を求めなさい.

（3） $f(x, y, z) = 3x^2y^3z$ のとき, Δf を求めなさい.

【5.2】 分布キャパシタンスが 67.0×10^{-12} F/m, 分布インダクタンスが 377×10^{-9} H/m であるケーブルがある. このケーブル中を伝わる電気信号の波の速度を求めなさい.

【5.3】 真空中での電磁波について, 以下の問いに答えなさい.

（1） 以下の電磁波の波長を求めなさい.

　①周波数 $f = 600$ kHz（例：AM ラジオ）

　② $f = 80$ MHz（例：FM ラジオ）

　③ $f = 1.9$ GHz（例：携帯電話）

　④ $f = 12$ GHz（例：衛星放送）

（2） 以下の電磁波の周波数を求めなさい.

　① 波長 $\lambda = 30$ m（HF, 短波）

　② $\lambda = 2$ m（VHF, 超短波）

　③ $\lambda = 30$ cm（UHF, 極超短波）

　④ $\lambda = 0.6 \mu$m（赤色光）

NOTE：High Frequency（HF）, Very High Frequency（VHF）, Ultra High Frequency（UHF）

【5.4】 真空中を伝わる波が次式を満たすとき, この波について以下の問いに答えなさい.

$$\frac{\partial^2 u}{\partial t^2} = 9 \times 10^{16} \frac{\partial^2 u}{\partial x^2}$$

（1） 波の速度（位相速度）v [m/s] を求めなさい.

（2） 波の波長が $\lambda = 1$ m であるとき, 波の周波数 f [Hz] を求めなさい.

（3） この波は, どのような波と推測されるか書きなさい

6. 波動方程式の解

1次元の波動方程式は，時間 t および位置 x に関する2階の偏微分方程式である．本章では，1次元の波動方程式の一般解であるダランベール（d'Alembert）の解がどのように導出されるかを記す．次に，その解が波動としてどのように振舞うかを見ることにする．

6.1 合成関数の全微分 *

波動方程式の一般解を求めるための数学的準備として，合成関数の偏微分に関する公式を示す．ここで u は ξ と η の関数であり，ξ と η は x と t との関数であるものとする．

$$u = u(\xi, \eta), \quad \xi = \xi(x, t), \quad \eta = \eta(x, t) \tag{6.1}$$

前章の（5.7）で示した全微分の式 $df = (\partial f/\partial x)\, dx + (\partial f/\partial t)\, dt$ を用いると，ξ および η の全微分は次のように表される．

$$d\xi = \frac{\partial \xi}{\partial x}\, dx + \frac{\partial \xi}{\partial t}\, dt, \quad d\eta = \frac{\partial \eta}{\partial x}\, dx + \frac{\partial \eta}{\partial t}\, dt \tag{6.2}$$

u を ξ と η の関数と見た u の全微分の式 $du = (\partial u/\partial \xi)\, d\xi + (\partial u/\partial \eta)\, d\eta$ に，上記の $d\xi$ および $d\eta$ を代入すると次のようになる．

$$\begin{aligned}
du &= \frac{\partial u}{\partial \xi}\, d\xi + \frac{\partial u}{\partial \eta}\, d\eta = \frac{\partial u}{\partial \xi}\left(\frac{\partial \xi}{\partial x}\, dx + \frac{\partial \xi}{\partial t}\, dt\right) + \frac{\partial u}{\partial \eta}\left(\frac{\partial \eta}{\partial x}\, dx + \frac{\partial \eta}{\partial t}\, dt\right) \\
&= \left(\frac{\partial u}{\partial \xi}\frac{\partial \xi}{\partial x} + \frac{\partial u}{\partial \eta}\frac{\partial \eta}{\partial x}\right) dx + \left(\frac{\partial u}{\partial \xi}\frac{\partial \xi}{\partial t} + \frac{\partial u}{\partial \eta}\frac{\partial \eta}{\partial t}\right) dt
\end{aligned} \tag{6.3}$$

一方，u を x と t の関数と見たとき，u の全微分は次のようになる．

$$du = \frac{\partial u}{\partial x}\, dx + \frac{\partial u}{\partial t}\, dt \tag{6.4}$$

（6.3）と（6.4）を比較することによって，次のように合成関数の偏微分に関する公式が示される．

$$\frac{\partial u}{\partial x} = \frac{\partial u}{\partial \xi}\frac{\partial \xi}{\partial x} + \frac{\partial u}{\partial \eta}\frac{\partial \eta}{\partial x}, \quad \frac{\partial u}{\partial t} = \frac{\partial u}{\partial \xi}\frac{\partial \xi}{\partial t} + \frac{\partial u}{\partial \eta}\frac{\partial \eta}{\partial t} \tag{6.5}$$

6.2 ダランベール（d'Alembert）の解

それでは，1次元の波動方程式 $(\partial^2 u/\partial t^2) = v^2(\partial^2 u/\partial x^2)$ の一般解の導出方法を以下に示すことにする．まず，形式的であるが，次のように変数変換を行う．

$$\xi = x - vt, \qquad \eta = x + vt \tag{6.6}$$

両式を x および t で偏微分すると,

$$\frac{\partial \xi}{\partial x} = 1, \qquad \frac{\partial \eta}{\partial x} = 1, \qquad \frac{\partial \xi}{\partial t} = -v, \qquad \frac{\partial \eta}{\partial t} = v \tag{6.7}$$

となる. 偏微分に関する合成関数の微分法を示した (6.5) に (6.7) を適用して,

$$\frac{\partial u}{\partial x} = \frac{\partial u}{\partial \xi} \frac{\partial \xi}{\partial x} + \frac{\partial u}{\partial \eta} \frac{\partial \eta}{\partial x} = \frac{\partial u}{\partial \xi} \cdot 1 + \frac{\partial u}{\partial \eta} \cdot 1 = \frac{\partial u}{\partial \xi} + \frac{\partial u}{\partial \eta} \tag{6.8}$$

$$\frac{\partial u}{\partial t} = \frac{\partial u}{\partial \xi} \frac{\partial \xi}{\partial t} + \frac{\partial u}{\partial \eta} \frac{\partial \eta}{\partial t} = \frac{\partial u}{\partial \xi} \cdot (-v) + \frac{\partial u}{\partial \eta} \cdot v \tag{6.9}$$

となる.

同様に, 2 階の偏導関数 $(\partial^2 u/\partial x^2)$ を求める. その際, (6.5) の左側の式において, u を $\partial u/\partial x$ におきかえて計算する.

$$\frac{\partial^2 u}{\partial x^2} = \frac{\partial}{\partial x}\left(\frac{\partial u}{\partial x}\right) = \frac{\partial(\partial u/\partial x)}{\partial \xi} \frac{\partial \xi}{\partial x} + \frac{\partial(\partial u/\partial x)}{\partial \eta} \frac{\partial \eta}{\partial x}$$

(6.8) を代入する.

(6.7) より1.

$$= \frac{\partial}{\partial \xi}\left(\frac{\partial u}{\partial \xi} + \frac{\partial u}{\partial \eta}\right) \cdot 1 + \frac{\partial}{\partial \eta}\left(\frac{\partial u}{\partial \xi} + \frac{\partial u}{\partial \eta}\right) \cdot 1 = \frac{\partial^2 u}{\partial \xi^2} + 2\frac{\partial^2 u}{\partial \xi \partial \eta} + \frac{\partial^2 u}{\partial \eta^2} \tag{6.10}$$

また, (6.5) の右側の式においても, u を $\partial u/\partial t$ におきかえて次式を得る.

$$\frac{\partial^2 u}{\partial t^2} = \frac{\partial}{\partial t}\left(\frac{\partial u}{\partial t}\right) = \frac{\partial(\partial u/\partial t)}{\partial \xi} \frac{\partial \xi}{\partial t} + \frac{\partial(\partial u/\partial t)}{\partial \eta} \frac{\partial \eta}{\partial t}$$

(6.9) を代入する.

(6.7) より $-v, v.$

$$= \frac{\partial}{\partial \xi}\left(\frac{\partial u}{\partial \xi} \cdot (-v) + \frac{\partial u}{\partial \eta} \cdot v\right) \cdot (-v) + \frac{\partial}{\partial \eta}\left(\frac{\partial u}{\partial \xi} \cdot (-v) + \frac{\partial u}{\partial \eta} \cdot v\right) \cdot v$$

$$= v^2 \frac{\partial^2 u}{\partial \xi^2} - 2v^2 \frac{\partial^2 u}{\partial \xi \partial \eta} + v^2 \frac{\partial^2 u}{\partial \eta^2} \tag{6.11}$$

(6.10) と (6.11) を波動方程式 $(\partial^2 u/\partial t^2) - v^2(\partial^2 u/\partial x^2) = 0$ の左辺に代入すると,

$$\left(v^2 \frac{\partial^2 u}{\partial \xi^2} - 2v^2 \frac{\partial^2 u}{\partial \xi \partial \eta} + v^2 \frac{\partial^2 u}{\partial \eta^2}\right) - v^2\left(\frac{\partial^2 u}{\partial \xi^2} + 2\frac{\partial^2 u}{\partial \xi \partial \eta} + \frac{\partial^2 u}{\partial \eta^2}\right) = -4v^2 \frac{\partial^2 u}{\partial \xi \partial \eta} \tag{6.12}$$

となる. 波動方程式の右辺は 0 であるから, (6.12) は 0 に等しい.

したがって, 波動方程式を解くことは偏微分方程式

$$\frac{\partial^2 u}{\partial \xi \partial \eta} = 0 \tag{6.13}$$

を解くことと同じである. (6.13) を

$$\frac{\partial}{\partial \xi}\left(\frac{\partial u}{\partial \eta}\right) = 0 \tag{6.14}$$

と書き直して，ξ で積分すると

$$\int \frac{\partial}{\partial \xi}\left(\frac{\partial u}{\partial \eta}\right) d\xi = \int 0\, d\xi \tag{6.15}$$

となる．積分を実行して，

$$\frac{\partial u}{\partial \eta} = h(\eta) \tag{6.16}$$

となる．ここで，$h(\eta)$ は η の関数である．偏微分方程式では，積分定数（任意定数）の代わりに任意関数が現れる．(6.16) の両辺を ξ で偏微分すれば，(6.14) になることがわかる．

さらに，(6.16) を η で積分すると，

$$u = \int h(\eta)\, d\eta + f(\xi) \tag{6.17}$$

となる．ここで，$f(\xi)$ は ξ の任意関数である．また，積分の部分は η の関数であるから，これを

$$g(\eta) = \int h(\eta)\, d\eta \tag{6.18}$$

とおくと，(6.17) は次のように書くことができる．

$$u(\xi, \eta) = f(\xi) + g(\eta) \tag{6.19}$$

(6.6) で示した $\xi = x - vt$ および $\eta = x + vt$ を使って，ξ と η を x と t に書き直すと，

$$u(x - vt, x + vt) = f(x - vt) + g(x + vt) \tag{6.20}$$

となる．左辺の $u(x - vt, x + vt)$ は x と t の関数であるから，$u(x, t)$ と書き直すと

$$\boxed{u(x, t) = f(x - vt) + g(x + vt)} \tag{6.21}$$

となる．これが波動方程式の一般解で，**ダランベール（d'Alembert）の解**とよばれている．

それでは，ダランベールの解が本当に波動方程式の解であるかどうかを確かめることにする．まず，(6.21) の両辺を t および x でそれぞれ偏微分する．微分する際には合成関数の微分法を用いる．

$$\begin{aligned}
\frac{\partial u}{\partial x} &= 1 \cdot f'(x - vt) + 1 \cdot g'(x + vt) \\
&= f'(x - vt) + g'(x + vt)
\end{aligned} \qquad
\begin{aligned}
\frac{\partial^2 u}{\partial x^2} &= 1 \cdot f''(x - vt) + 1 \cdot g''(x + vt) \\
&= f''(x - vt) + g''(x + vt)
\end{aligned}$$
$$\tag{6.22}$$

$$\begin{aligned}
\frac{\partial u}{\partial t} &= -v f'(x - vt) + v g'(x + vt)
\end{aligned} \qquad
\begin{aligned}
\frac{\partial^2 u}{\partial t^2} &= (-v)^2 f''(x - vt) + v^2 g''(x + vt) \\
&= v^2 \{ f''(x - vt) + g''(x + vt) \}
\end{aligned}$$
$$\tag{6.23}$$

(6.22) の右側の式と (6.23) の右側の式から，次のように波動方程式ができる．

$$\frac{\partial^2 u}{\partial t^2} = v^2 \frac{\partial^2 u}{\partial x^2} \tag{6.24}$$

したがって、ダランベールの解 $u(x, t) = f(x - vt) + g(x + vt)$ は確かに波動方程式の解であることが示された.

例題 6.1

1次元の波動方程式

$$\frac{\partial^2 u}{\partial t^2} = v^2 \frac{\partial^2 u}{\partial x^2} \qquad\qquad ①$$

の解を,

$$u(x, t) = X(x) \cdot T(t) \qquad\qquad ②$$

のように、x に関する関数と t に関する関数の積と仮定する. ② を ① に代入して、$X(x)$ および $T(t)$ それぞれについて成り立つ方程式を求めなさい. また、$X(x)$ と $T(t)$ の一般解をそれぞれ求めることによって $u(x, t)$ を求めなさい.

解 ① の左辺と右辺に $u(x, t) = X(x) \cdot T(t)$ を代入する. その際、$T(t)$ および $X(x)$ はともに1変数関数であるから、偏微分を常微分に書きかえる.

$$\begin{cases} 左辺 = \dfrac{\partial^2 u}{\partial t^2} = \dfrac{\partial^2 (X(x) \cdot T(t))}{\partial t^2} = X(x) \cdot \dfrac{d^2 T(t)}{dt^2} \\[2mm] 右辺 = v^2 \dfrac{\partial^2 u}{\partial x^2} = v^2 \dfrac{\partial^2 (X(x) \cdot T(t))}{\partial x^2} = v^2 T(t) \cdot \dfrac{d^2 X(x)}{dx^2} \end{cases}$$

ここで、左辺 = 右辺であるから、次のようになる.

$$X(x) \cdot \frac{d^2 T(t)}{dt^2} = v^2 T(t) \cdot \frac{d^2 X(x)}{dx^2}$$

変数分離すると次のようになる.

$$v^2 \frac{1}{X(x)} \frac{d^2 X(x)}{dx^2} = \frac{1}{T(t)} \frac{d^2 T(t)}{dt^2}$$

この方程式が成り立つためには、両辺が定数に等しいことが必要である. 定数を $-\omega_0^2$ とおくと次のようになる.（$+\omega_0^2$ とおくと解が発散もしくは0に減衰するので、振動解を得るために、ここでは $-\omega_0^2$ とおくことにする.）

$$v^2 \frac{1}{X(x)} \frac{d^2 X(x)}{dx^2} = -\omega_0^2 = \frac{1}{T(t)} \frac{d^2 T(t)}{dt^2}$$

上式は、次のように2つの式に分離することができる.

$$v^2 \frac{1}{X(x)} \frac{d^2 X(x)}{dx^2} = -\omega_0^2, \qquad -\omega_0^2 = \frac{1}{T(t)} \frac{d^2 T(t)}{dt^2}$$

これを次のように整理する.

$$\frac{d^2 X(x)}{dx^2} + \frac{\omega_0^2}{v^2} X(x) = 0, \qquad \frac{d^2 T(t)}{dt^2} + \omega_0^2 T(t) = 0$$

それぞれの方程式の解は，単振動を表す微分方程式 $\ddot{x} + \omega_0^2 x = 0$ の一般解 $x = a \sin(\omega_0 t + \varphi)$ と同じ形であるから，a, b, θ, φ を未定定数として，$X(x)$ と $T(t)$ の一般解はそれぞれ次のようになる．

$$X(x) = a \sin\left(\frac{\omega_0}{v}x + \theta\right), \qquad T(t) = b \sin(\omega_0 t + \varphi)$$

この結果を② に代入すると，次のように波動方程式の解を求めることができる．

$$u(x, t) = X(x) \cdot T(t) = a \sin\left(\frac{\omega_0}{v}x + \theta\right) \cdot b \sin(\omega_0 t + \varphi)$$

$$\boxed{\sin x \sin y = -\frac{1}{2}\{\cos(x + y) - \cos(x - y)\}}$$

$$= -\frac{ab}{2}\left\{\cos\left(\frac{\omega_0}{v}x + \theta + \omega_0 t + \varphi\right) - \cos\left(\frac{\omega_0}{v}x + \theta - \omega_0 t - \varphi\right)\right\}$$

$$\boxed{\text{先頭のマイナスを中に入れる.}}$$

$$= \frac{ab}{2}\left\{-\cos\left(\frac{\omega_0}{v}x + \theta + \omega_0 t + \varphi\right) + \cos\left(\frac{\omega_0}{v}x + \theta - \omega_0 t - \varphi\right)\right\}$$

$$\boxed{2\text{つの項の順番を変える.}}$$

$$= \frac{ab}{2}\left\{\cos\left(\frac{\omega_0}{v}x + \theta - \omega_0 t - \varphi\right) - \cos\left(\frac{\omega_0}{v}x + \theta + \omega_0 t + \varphi\right)\right\}$$

$$\boxed{\omega_0/v\text{をくくり出す.}}$$

$$= \frac{ab}{2}\cos\left\{\frac{\omega_0}{v}(x - vt) + \theta - \varphi\right\} - \frac{ab}{2}\cos\left\{\frac{\omega_0}{v}(x + vt) + \theta + \varphi\right\}$$

$$= \underbrace{A\cos\left\{\frac{\omega_0}{v}(x - vt) + \Theta\right\}}_{\boxed{f(x - vt)}} - \underbrace{A\cos\left\{\frac{\omega_0}{v}(x + vt) + \Phi\right\}}_{\boxed{g(x + vt)}}$$

$u(x, t)$ は，$x - vt$ と $x + vt$ の関数の和として表された．なお，$A = ab/2$，$\Theta = \theta - \varphi$，$\Phi = \theta + \varphi$ とおいた．◆

6.3 進行波と後退波

波動方程式 $(\partial^2 u/\partial t^2) = v^2(\partial^2 u/\partial x^2)$ $(v > 0)$ の一般解は，$u(x, t) = f(x - vt) + g(x + vt)$ であった．ここでは，それぞれの関数 $f(x - vt)$ および $g(x + vt)$ について考察する．

波動 $f(x - vt)$ は，図 6.1（a）のように $t = 0$ で $x = 0$（近傍）に変位があったとする．時間の経過によって波がその形を変えることなく進行して，図 6.1（b）のように時刻 t において位置 x に同じ変位が移動したとする．図中の 2 つの縦方向の矢印の長さが，それぞれの時刻における波の変位であり，両者は等しいから

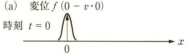

(a) 変位 $f(0 - v \cdot 0)$

時刻 $t = 0$

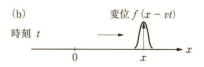

(b) 変位 $f(x - vt)$

時刻 t

図6.1 進行波

$$f(0 - v \cdot 0) = f(x - vt) \tag{6.25}$$

である．これが成り立つためには，関数の中身も等しくなければならないから，

$$0 = x - vt \tag{6.26}$$

である．

(6.26) が常に成り立つためには，時間 t が経過（増加）すると x も増加しなければならない．すなわち，変位は右向きに進行することになる．(6.26) を t で微分すると

$$\frac{dx}{dt} = v \quad (>0) \tag{6.27}$$

となることから，変位は x の正の方向に速度 v で進行することがわかる．同様の考察から，$g(x + vt)$ については，

$$\frac{dx}{dt} = -v \quad (<0) \tag{6.28}$$

であり，変位は x の負の方向に進行することがわかる．

以上から，$f(x - vt)$ は**進行波**（$+x$ 方向に進む波），$g(x + vt)$ は**後退波**（$-x$ 方向に進む波）とよばれている．

6.4　波動方程式の解の重ね合わせ

本節では，2つの波を表す関数 $f(x, t)$ と $g(x, t)$ の和 $f(x, t) + g(x, t)$ も波動方程式の解であることを示す．

関数 $f(x, t)$ および $g(x, t)$ が波動方程式

$$\frac{\partial^2 u}{\partial t^2} = v^2 \frac{\partial^2 u}{\partial x^2} \tag{6.29}$$

の解であるとするならば，

$$\frac{\partial^2 f}{\partial t^2} = v^2 \frac{\partial^2 f}{\partial x^2}, \quad \frac{\partial^2 g}{\partial t^2} = v^2 \frac{\partial^2 g}{\partial x^2} \tag{6.30}$$

が成り立つ．両式に，それぞれ定数 c_1 および c_2 を掛けると次のようになる．

$$c_1 \frac{\partial^2 f}{\partial t^2} = c_1 v^2 \frac{\partial^2 f}{\partial x^2}, \quad c_2 \frac{\partial^2 g}{\partial t^2} = c_2 v^2 \frac{\partial^2 g}{\partial x^2} \tag{6.31}$$

c_1 および c_2 を微分演算のなかに含めると，

$$\frac{\partial^2 (c_1 f)}{\partial t^2} = v^2 \frac{\partial^2 (c_1 f)}{\partial x^2}, \quad \frac{\partial^2 (c_2 g)}{\partial t^2} = v^2 \frac{\partial^2 (c_2 g)}{\partial x^2} \tag{6.32}$$

となる．両式を辺々加えると，

$$\frac{\partial^2 (c_1 f)}{\partial t^2} + \frac{\partial^2 (c_2 g)}{\partial t^2} = v^2 \frac{\partial^2 (c_1 f)}{\partial x^2} + v^2 \frac{\partial^2 (c_2 g)}{\partial x^2} \tag{6.33}$$

となり，さらに微分演算をまとめると，次のようになる．

$$\frac{\partial^2(c_1 f + c_2 g)}{\partial t^2} = v^2 \frac{\partial^2(c_1 f + c_2 g)}{\partial x^2} \tag{6.34}$$

これは $c_1 f(x, t) + c_2 g(x, t)$ に関する波動方程式を表しているから，波動方程式の解は**重ね合わせ**が可能であることが示された．

図 6.2 は，x 軸上を互いに逆方向に進行する 2 つのパルス波 f と g が衝突して波の振幅が重ね合わされる様子を，時間 t の経過に従って示している．図 6.2 (a) のようにパルス波が近づき，図 6.2 (b) のように一部が重ね合わされた後に，図 6.2 (c) において波の振幅が最大になる．図 6.2 (d) の状態を経て，2 つの波は図 6.2 (e) に示すように，当初の形を変えることなくすれ違っていくことがわかる．なお，この図では，(6.34) において $c_1 = c_2 = 1$ とした．

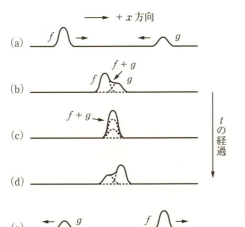

図 6.2 波の重ね合わせ

6.5 固定端と自由端における波の反射

次頁の図 6.3 に示すように，ひもの右端が $x = 0$ で固定されており，左側（$x < 0$ の領域）に無限に伸びているひもがある．図 6.3 (a) のように，左方向から右方向へ向かって f で表されるパルス状の波が進行して $x = 0$ の固定端に入射したとき，どのように波が反射するかを考察する．なお，$0 < x$ の領域（灰色の領域）では，ひもが存在しないので，仮想のひもの上に発生する波を考えることにし，波形を細い破線で描いてある．

6.5.1 固定端での波の反射

これまでと同様に，ひもの変位を $u(x, t)$ とすると，固定端（$x = 0$）ではひもの変位は常に 0 だから，境界条件は

$$u(0, t) = 0 \tag{6.35}$$

である．これをダランベールの解

$$u(x, t) = f(x - vt) + g(x + vt) \tag{6.36}$$
$$\text{右方向への波 \quad 左方向への波}$$

に適用すると，次のようになる．

$$u(0, t) = f(-vt) + g(vt) = 0 \tag{6.37}$$

ここで，

$$s = vt \tag{6.38}$$

とおくと，(6.37) は

$$g(s) = -f(-s) \tag{6.39}$$

となる．

　このことから，関数 g と関数 f の変数がそれぞれ s と $-s$ であると見れば，2つの波は固定端からの距離が等しいことがわかる．また，$+g = -f$ であることから，波の変位の大きさは同じで上下が逆ということもわかる．したがって，波 f と波 g は固定端に対して常に点対称である．

　この関係を用いてダランベールの解を書き直すと，

$$u(x, t) = f(x - vt) + g(x + vt) = f(x - vt) + \{-f(-x - vt)\} \tag{6.40}$$

となる．なお，最右辺第1項は右に進む波を表し，第2項は左に進む波を表しており，両者は上下逆の波である．$x < 0$ の領域（実際にひもが存在する領域）において，右方向に進む波を**入射波**，左方向に進む波を**反射波**という．

　以上の考察から，固定端における波の反射の考え方を図6.3に示す．図6.3 (a) で，左から実在するひもの波 f が固定端に近づくと，固定端からの距離を f と同じように縮めながら，

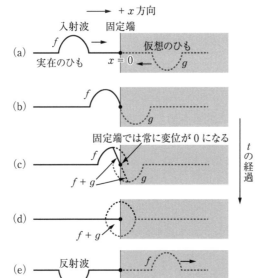

図6.3　固定端による波の反射

右から仮想の波 g が固定端に近づく．図 6.3（b）は，波の先端が固定端に入射した瞬間である．図 6.3（c）では，波 f と波 g の一部が重ね合わされて $f + g$ で示されている直線状の変位が観察される．図 6.3（d）では，波 f と波 g がすべて重ね合わされて，変位が 0 の状態となっている．図 6.3（e）では，波 f とは上下逆の波 g が実在する反射波となって左方向へ進行している．いずれの場合も，固定端での変位は常に 0 である．

6.5.2 自由端での波の反射

次に，自由端における波の反射について調べる．図 6.4 のようにひもの一端に軽い輪がついており，上下方向に自由に動くことができるようになっているモデルを用いて，自由端での境界条件について考察する．

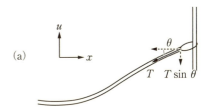

(a)

(b)

図 6.4　自由端の境界条件

図 6.4（a）に示すように，自由端に左から $+u$ 方向への変位が来たとする．このとき，ひもの角度 θ は 0 ではない状態になるが，張力 T の u 軸方向の成分である $T \sin \theta$ によって，ひもの端につけた輪はただちに $-u$ 方向に動き，図 6.4（b）のように輪は平らな状態（$\theta = 0$）になる．同様に $-u$ 方向への変位が来たときは，ひもの端につけた輪は $+u$ 方向に動いて $\theta = 0$ になろうとする．いずれの場合も $\theta = 0$，すなわちひもの端での傾きが 0 になる．

このことを式で表すと

$$\left. \frac{\partial u}{\partial x} \right|_{x=0} = 0 \tag{6.41}$$

となり，これが自由端における境界条件である．境界条件（6.41）に，ダランベールの解 $u(x, t) = f(x - vt) + g(x + vt)$ を代入すると次のようになる．計算には，合成関数の微分法を用いる．

$$\begin{aligned}
\left. \frac{\partial u}{\partial x} \right|_{x=0} &= \left[\frac{\partial}{\partial x} f(x - vt) + \frac{\partial}{\partial x} g(x + vt) \right]_{x=0} \\
&= \left[\frac{df(x - vt)}{d(x - vt)} \frac{\partial(x - vt)}{\partial x} + \frac{dg(x + vt)}{d(x + vt)} \frac{\partial(x + vt)}{\partial x} \right]_{x=0} \\
&= \left[\frac{df(x - vt)}{d(x - vt)} \cdot 1 + \frac{dg(x + vt)}{d(x + vt)} \cdot 1 \right]_{x=0} \\
&= \left[\frac{df(x - vt)}{d(x - vt)} + \frac{dg(x + vt)}{d(x + vt)} \right]_{x=0} \\
&= \frac{df(-vt)}{d(-vt)} + \frac{dg(vt)}{d(vt)} = 0 \tag{6.42}
\end{aligned}$$

> $x - vt$ を z とおけば，$df(z)/dz$ ということである．

> $x = 0$ を代入する．

ここで,

$$s = vt \tag{6.43}$$

とおくと $ds = d(vt)$ であるから,

$$d(-vt) = -d(vt) = -ds \tag{6.44}$$

である. これを (6.42) に代入すると

$$\left.\frac{\partial u}{\partial x}\right|_{x=0} = \frac{df(-s)}{-ds} + \frac{dg(s)}{ds} = 0 \tag{6.45}$$

となる. 両辺を s で積分すると

$$-\int \frac{df(-s)}{ds}\,ds + \int \frac{dg(s)}{ds}\,ds = \int 0\,ds$$

$$-\int df(-s) + \int dg(s) = \int 0\,ds$$

$$-f(-s) + g(s) + c = 0 \tag{6.46}$$

となる. なお, c は積分定数であるが, 入射波 f がないとき反射波 g もないはずであるから, $c = 0$ とするのが適当である.

したがって, (6.41) で示した境界条件 $\partial u/\partial x|_{x=0} = 0$ が常に成り立つためには,

$$g(s) = f(-s) \tag{6.47}$$

であることが必要である. よって, 自由端におけるダランベールの解は次のように書くことができる.

$$u(x, t) = f(x - vt) + g(x + vt) = f(x - vt) + f(-x - vt) \tag{6.48}$$

(6.48) において, 関数 $f(x - vt)$ は 6.3 節で示したように進行波であるから, $+x$ 方向 (右方向) に進む入射波を表している. 一方, 関数 $f(-x - vt)$ は $-x$ 方向 (左方向) に進む反射波を表している. これは 6.3 節で示した方法と同様に, x_0 を定数としたとき $-x - vt = x_0$ より, t が増加すると x は減少することから確認できる.

さらに, 関数 $f(-x - vt)$ は, 関数 $f(x - vt)$ を $x = 0$ で左右を折り返した線対称な関数である. これは次のように説明できる. 両者の変位が等しく $f(-x - vt) = f(x - vt)$ であるためには, $-x - vt = x - vt$ でなければならない. vt を消去すると $-x = x$ となる. よって, 関数の波形は原点の左右で線対称である.

以上の考察を踏まえて, 自由端による波の反射の様子を図 6.5 に示す. まず, 図 6.5 (a) で, 左側から実在するひもの波 f が自由端に近づくと, 自由端との距離を f と同じように縮めながら, 右から仮想の波 g が自由端に近づいてくる. 図 6.5 (b) は, 波の先端が自由端に入射した瞬間である. 図 6.5 (c) では, 波 f と波 g の一部が重ね合わされて $f + g$ で示されている大きな変位の部分が実在するひもに観察される. 図 6.5 (d) では, 波 f と波 g の中心が自由端に達して, 自由端において最大の変位となる. 図 6.5 (e) では, 波 g が実在する反射

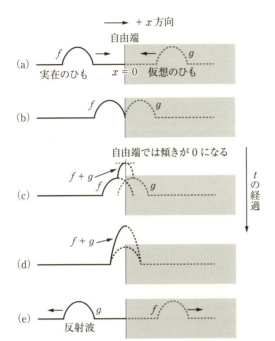

図 6.5　自由端による反射の様子

波となって左方向へ進行している．いずれの場合も，自由端でのひもの傾きは常に 0 である．

　自由端による波の反射の例として，防波堤に打ち寄せる波を見下ろすと，コンクリートの壁面で海面が盛り上がってから波が引いていく様子が観察できる．これが，自由端における反射に相当する．

章 末 問 題

【6.1】　x 軸上を進行する波を表す関数 $u = a \sin (bx - ct)$ について，以下の問いに答えなさい．定数 a, b, c は正の数とする．

（1）　波長 λ を求めなさい．

（2）　周期 T を求めなさい．

（3）　角周波数 ω および周波数 f を求めなさい．

（4）　波の速度 v を求めなさい．

【6.2】　x 軸上を進行する波が，ある時刻において図 6.6 に示す位置にあったとする．次の瞬間，点 A は図のように下向きに変位するものとすれば，この波は x 軸上をどちら向きに進行するかその理由とともに答えなさい．また，点 B および点 C は次の瞬間どのように変位するか答えな

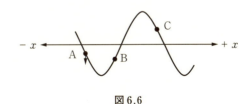

図 6.6

さい.

【6.3】 x と t の関数 $u(x, t) = 2\sin(3x - \pi t)$ はどのような条件のとき, 1 次元の波動方程式 $\partial^2 u / \partial t^2 = v^2 (\partial^2 u / \partial x^2)$ を満たすか示しなさい.

【6.4】 x 軸上を進行する波を表す関数 $u(x, t) = A\sin kx \cdot \cos \omega t$ を 1 次元の波動方程式 $\partial^2 u / \partial t^2 = v^2 (\partial^2 u / \partial x^2)$ に代入して, 定数 k, ω, v の間にどのような関係式が成り立つか示しなさい.

7. 波の伝播

本章では，正弦波を題材として，波を特徴づけるいくつかのパラメータについて説明する．特に，周期と波長，角振動数と波数をそれぞれ対比し，それらの意味が直感的に理解できるように説明する．その後で，波が空間をどのように伝わっていくかについて解説する．

7.1 正弦波

図 7.1 に示すように，連続的な波で，時刻 t，位置 x における変位が

$$u(x, t) = a \sin \left\{ \frac{2\pi}{\lambda} (x - vt) \right\} \tag{7.1}$$

で与えられるときの波を**正弦波**とよぶ．ここで，a は波の**振幅**（最大変位），λ は**波長**である．(7.1) において，x が $x + \lambda$，$x + 2\lambda$，$x + 3\lambda$，$\cdots$ と変化すると，$(2\pi/\lambda)(x - vt)$ の値は 2π ずつ変化するので，これらの点において変位 $u(x, t)$ は同じ値を繰り返す．波の速度（**位相速度**）を v とすれば，Δt 後には $v\Delta t$ だけ波は進行する．図 7.1 には Δt 後の波の様子も破線で描いてある．一方，**周期** T は，ある変位 u が 1 波長 λ だけ進む時間であるから

$$v = \frac{\lambda}{T} \tag{7.2}$$

が成り立つ．

これを (7.1) の v に代入すると，

$$u(x, t) = a \sin \left\{ \frac{2\pi}{\lambda} \left(x - \frac{\lambda}{T} t \right) \right\} = a \sin \left\{ 2\pi \left(\frac{x}{\lambda} - \frac{t}{T} \right) \right\} \tag{7.3}$$

となる．ここで，次のように**波数** k を定義する．波数の意味については次節で説明する．

$$k = \frac{2\pi}{\lambda} \tag{7.4}$$

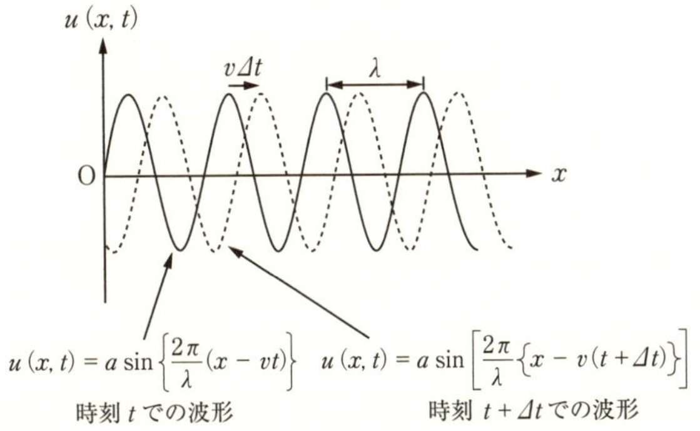

$$u(x, t) = a \sin \left\{ \frac{2\pi}{\lambda} (x - vt) \right\}$$
時刻 t での波形

$$u(x, t) = a \sin \left[\frac{2\pi}{\lambda} \{ x - v(t + \Delta t) \} \right]$$
時刻 $t + \Delta t$ での波形

図 7.1　正弦波

また，第1章で示したように，角振動数 ω と周期 T の関係は

$$\omega = \frac{2\pi}{T} \tag{7.5}$$

であったから，(7.2)，(7.4)，(7.5) より，

$$\omega = kv \tag{7.6}$$

の関係を得る．(7.4) と (7.5) を (7.3) に代入すると，$u(x, t)$ は次のように書くことができる．

$$u(x, t) = a \sin(kx - \omega t) \tag{7.7}$$

(7.1) は $f(x - vt)$ の形であるから，図7.1 にも示したように，x 軸の正の方向に進む正弦波である．x 軸の負の方向に進む正弦波は，

$$u(x, t) = a \sin\left\{\frac{2\pi}{\lambda}(x + vt)\right\} = a \sin\left\{2\pi\left(\frac{x}{\lambda} + \frac{t}{T}\right)\right\} = a \sin(kx + \omega t) \tag{7.8}$$

と表される．いずれの式においても，sin の中身である $(2\pi/\lambda)(x - vt)$，$(2\pi/\lambda)(x + vt)$，$2\pi[(x/\lambda) - (t/T)]$，$2\pi[(x/\lambda) + (t/T)]$，$kx - \omega t$，$kx + \omega t$ は**位相**とよばれ，単位は rad（rad は無次元量）である．(7.7) では $t = 0$，$x = 0$ における変位は $u = 0$ であるが，**初期位相** φ が加わると

$$u(x, t) = a \sin(kx - \omega t + \varphi) \tag{7.9}$$

と書かれるから，$t = 0$，$x = 0$ における変位は $u = a \sin\varphi$ となり，これは**初期変位**である．

(7.1) で示した正弦波 $u(x, t) = a \sin\{(2\pi/\lambda)(x - vt)\}$ において，変位 u が等しい点 $(x, x + \lambda, x + 2\lambda, x + 3\lambda, \cdots$ の点) での位相は次の関係を満たす．

$$\frac{2\pi}{\lambda}(x - vt) = x \text{における位相（定数）} + 2n\pi \quad (n = 0, 1, 2, \cdots) \tag{7.10}$$

両辺を t で微分してみると，

$$\frac{2\pi}{\lambda}\left(\frac{dx}{dt} - v\right) = 0$$

$$\therefore \quad v = \frac{dx}{dt} \tag{7.11}$$

となり，v が位相速度とよばれる所以である．

第1章で示した振動数（周波数）f と周期 T の間に成り立つ関係 $f = 1/T$ を，(7.2) の $v = \lambda/T$ に代入すると，

$$\boxed{v = f \cdot \lambda} \tag{7.12}$$

という関係が得られる．

NOTE 7.1　波の進行

この節の最後に，正弦波の進行について誤ったイメージをもつことがないように説明を加えておく．爬虫類の蛇がニョロニョロと地面を進むときは，図7.2 (a) のように時間

の経過とともに先端を伸ばすように進行する．これを正弦波の進行するイメージとしては
いけない．波の進行は，図7.2（b）のように，波の形を変えることなく平行移動するよ
うに進行していくというのが正しいイメージである．

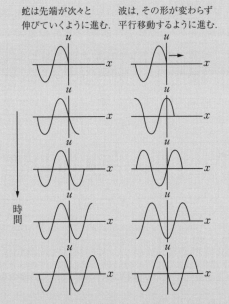

(a) 誤ったイメージ．　　(b) 正しいイメージ．　　**図7.2**　正弦波の進行
蛇の進み方．　　　　　正弦波の進み方．

7.2　角振動数と波数

　前節では，x軸上を進行する正弦波についての説明のなかで波数kを導入した．本節では角
振動数ωと波数kについて，両者を対比しながら両者の意味を説明する．

　x軸上を $+x$ 方向に進行する正弦波は，前節で示したように次のように表される．

$$u(x, t) = a \sin(kx - \omega t) \tag{7.13}$$

この式のなかには2つの変数xとtがあるので，一方を0として考えることにする．

$$u(x, t) = a \sin(kx - \omega t)$$

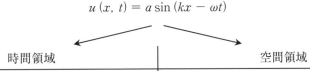

時間領域	空間領域
$x = 0$とすると関数$u(0, t)$[m]は，波の通過に伴って原点で観測される振動の様子を表すことになる．	$t = 0$とすると関数$u(x, 0)$は，時刻$t = 0$でx軸上に波がどのように分布するかを表す関数になる．

$$u(0,\, t) = a \sin(-\omega t) \qquad (7.14)$$

この式を図に表すと図7.3のようになる. 点Pが半径 a[m]の円周上を単位時間（1 s）当り $-\omega$[rad]（マイナスは時計回りを意味する）だけ回転し, 垂線PP′の長さ u[m]を時間 t の関数として右側に投影すると, 位置 $x = 0$ における, 時間 t の変化に対する振動の様子を表すグラフが得られる. ω[rad/s]は**角振動数**である.

$$u(x,\, 0) = a \sin kx \qquad (7.19)$$

この式を図に表すと図7.4のようになる. 波が進行する x 軸上での単位長さ（1 m）当り, 点Qが図のように半径 a[m]の円周上を k[rad]だけ回転するものと考える. 垂線QQ′ の長さ u[m]を x の関数として右側に投影すると, 時刻 $t = 0$ における x 軸上での波の分布の様子が得られる. k[rad/m]は**波数**とよばれている.

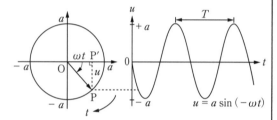

図7.3 原点で観測される振動の様子

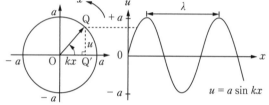

図7.4 時刻 $t = 0$ での波の空間分布

グラフのなかに示した T は, 点Pが 2π[rad]回転するのに要する時間, すなわち**周期**である. 周期 T の単位は[s]である. このことから次の関係が成り立つ.

$$\omega T = 2\pi \qquad (7.15)$$

これを変形すると

$$T = \frac{2\pi}{\omega} \qquad (7.16)$$

を得る. 周期 T の逆数は**周波数** f を表す.

$$f = \frac{1}{T} = \frac{\omega}{2\pi} \qquad (7.17)$$

周波数 f とは, 図7.3において点Pが単位時間当り何回転するかを表す値で, 単位は[1/s] = [Hz]である. (7.17)から, ω は次のように表すことができる.

グラフのなかに示した λ は, 点Qが 2π[rad]回転するのに要する距離を表しており, これは**波長**である. 波長 λ の単位は[m]である. つまり, x 軸上で波が λ だけ進むと kx の値は 2π[rad]変化する. このことから次式の関係が成り立つ.

$$k\lambda = 2\pi \qquad (7.20)$$

これを変形すると

$$\lambda = \frac{2\pi}{k} \qquad (7.21)$$

を得る. (7.17)に対応させて波長 λ の逆数を ν（ニュー）と書くことにすると,

$$\nu = \frac{1}{\lambda} = \frac{k}{2\pi} \qquad (7.22)$$

となり, これは空間的な周波数と考えられる.

空間的な周波数 ν とは, 図7.4において, 点Qが x の単位長さ当り何回転するかを表す値で, 単位は[1/m]である. (7.22)から, k は次のように表すことができる.

$$\omega = 2\pi f = \frac{2\pi}{T} \qquad (7.18)$$

　角度の単位は [rad] と表記するので，角振動数 ω の単位は [rad/s] である．一般に SI（国際単位系）では，[rad] は無次元であるから [rad] はしばしば省略される．したがって，ω の単位は通常 [1/s] である．

$$k = 2\pi\nu = \frac{2\pi}{\lambda} \qquad (7.23)$$

　波数 k の単位は，rad を用いて表記すると [rad/m] である．SI（国際単位系）では [rad] は省略されるので，波数 k の単位は [1/m] である．

　これまで説明した時間領域と空間領域のパラメータの対応表を，表7.1 に示す．

表7.1　時間領域と空間領域における対応

時間領域		空間領域	
時間	t [s]	距離	x [m]
角周波数	ω [rad/s]　(ω [1/s])	波数	k [rad/m]　(k [1/m])
周期	T [s]	波長	λ [m]
時間的周波数	$f = 1/T$ [1/s], [Hz]	空間的周波数	$\nu = 1/\lambda$ [1/m]

　図7.5 は，以上のことを踏まえて，x 軸上を正の方向に速度 v で進行する正弦波 $u(x, t) = a\sin(kx - \omega t)$ を描いた図である．太い実線で描いた部分の先端が，原点を出発した時刻を $t = 0$ として，そこから半周期（$T/2$）ごとにどのように x 軸上を進行するか（x 軸上での波の分布と考えてもよい）を示している．以下に，図中の番号①〜⑦の順に説明を行う．

　①　時刻 $t = 0$ において，太い実線で描いた正弦波の先端が原点を出発する．

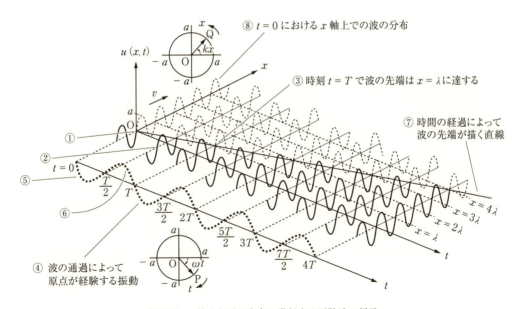

図7.5　x 軸上を正の方向に進行する正弦波の様子

② 時間が $T/2$ 経過したとき，波の先端が $x = \lambda/2$ に達した．以後，時間が $T/2$ 経過するごとに，x 軸上を $\lambda/2$ ずつ波が進行する様子を実線で描いた．

③ 時間が T 経過すると波は1波長 λ だけ進行するので，実線で描いた波の先端は $x = \lambda$ に達する．

④ 波の通過によって，原点がどのような変位を受けるかを表した曲線である．この曲線は (7.14) で示した $u(0, t) = a \sin(-\omega t)$ であり，図7.3のグラフと同じものである．

⑤ $t = 0 \sim T/2$ において，①で示した波形（〰）の前半部分（〰）が原点を通過するので，原点の変位は負になる．

⑥ $t = T/2 \sim T$ では，①で示した波形（〰）の後半部分（〰）が通過するので，原点の変位は正になる．

⑦ この直線に従って，$t = 4T$ における波の先端は $x = 4\lambda$ に達するので，波の速度 v は次のようになる．

$$v = \frac{4\lambda}{4T} = \frac{\lambda}{T} = \frac{1/T}{1/\lambda} = \frac{2\pi/T}{2\pi/\lambda} = \frac{\omega}{k} \tag{7.24}$$

これは，(7.6) で示したのと同じ結果である．式の変形には，(7.4) で示した $k = 2\pi/\lambda$ と (7.5) で示した $\omega = 2\pi/T$ を用いた．

⑧ 細い破線で描いた波形は，時刻 $t = 0$ 以前に $x = 0$ を通過した波の波形を表している．この波形は (7.19) で示した $u(x, 0) = a \sin kx$ であり，これは図7.4で示したグラフと同じである．時刻 $t = 0$ における x 軸上での波の分布を表している．

7.3 平 面 波

これまでは x 軸上を進行する波について説明したが，ここからは，3次元空間を進む波について説明する．

3次元空間を進行する波において，ある瞬間に位相が等しい点を連ねると1つの曲面ができ，これを**波面**とよぶ．特に，波面が図7.6に示すように平面になる波のことを**平面波**とよぶ．xy 平面上において，

$$u(x, y, t) = a \sin\left\{\frac{2\pi}{\lambda}(x - vt)\right\} \tag{7.25}$$

は，図7.6に示すように x 軸の正の方向に進む正弦波の群れを表している．これは，式のなかに変数 y が含まれていないので，図のように y 軸方向に平行な無数の正弦波を表しているからである．いま，x の値を $x = x_0$（定数）に決めると，図のなかに描いたような，x 軸に垂直な無限に大きな平面が1つ決まることになる．この平面上では，どの正弦波も同じ位相をもっているので平面波であることがわかる．

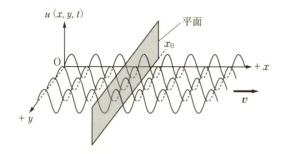

図7.6 ＋x方向に進む平面波

　次に，数学的な準備をしてから，3次元空間において，任意の方向に進行する平面波はどのように表現されるかを見ていくことにする．

7.3.1　3次元空間の単位ベクトル*

　3次元空間での波の記述に先だって，任意の方向を表すための単位ベクトルについて説明する．図7.7に示すように，原点 O から点 P を見た位置ベクトルを $r = xi + yj + zk$ とし，その大きさを $|r| = r$ とする．このとき r 方向の単位ベクトル e は次のように表すことができる．

$$e = \frac{r}{r} = \frac{x}{r}i + \frac{y}{r}j + \frac{z}{r}k \qquad (7.26)$$

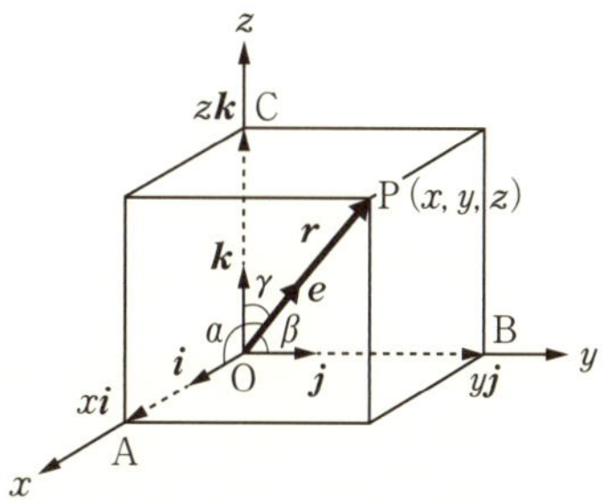

図7.7 方向余弦

　r が x 軸，y 軸，z 軸となす角度をそれぞれ α，β，γ とすると，△OAP，△OBP，△OCP は，それぞれ辺 OP を斜辺とし，∠OAP，∠OBP，∠OCP が 90° の直角三角形である．そこで，ベクトル r の**方向余弦** l，m，n を次のようにそれぞれ定義する．

$$\left.\begin{array}{l} l = \dfrac{x}{r} = \cos\alpha \\[2mm] m = \dfrac{y}{r} = \cos\beta \\[2mm] n = \dfrac{z}{r} = \cos\gamma \end{array}\right\} \qquad (7.27)$$

これを用いると，(7.26) は次のように書き直すことができる．

$$e = \cos\alpha\, i + \cos\beta\, j + \cos\gamma\, k = li + mj + nk \qquad (7.28)$$

　したがって，r 方向の単位ベクトル e の成分は方向余弦であることがわかる．確認のため e の大きさを計算してみると，

$$|e| = \sqrt{l^2 + m^2 + n^2} = \sqrt{\cos^2\alpha + \cos^2\beta + \cos^2\gamma}$$
$$= \sqrt{\left(\frac{x}{r}\right)^2 + \left(\frac{y}{r}\right)^2 + \left(\frac{z}{r}\right)^2} = \sqrt{\frac{x^2 + y^2 + z^2}{r^2}} = \sqrt{\frac{r^2}{r^2}} = 1 \qquad (7.29)$$

のように確かに 1 となり，e は単位ベクトルであることがわかる．

7.3.2　3次元空間の平面波

　それでは，本節の主題である 3 次元空間で任意の方向に
進行する平面波について説明する．図 7.8 は 3 次元の平面
波における 1 つの波面を表しており，r は波面上の任意の
点を表す位置ベクトルである．n は波面に垂直な**法線ベク
トル**で，波が進む方向を表すベクトルである．前節では r
の方向余弦を定義したが，ここでは n の方向余弦を
(l, m, n) とする．方向余弦は単位ベクトルであるから，n
は単位法線ベクトルである．図のように r と n は角度 θ
をなしており，原点 O から波面までの距離 d は，2 つの
ベクトルの内積を用いて次のように表すことができる．

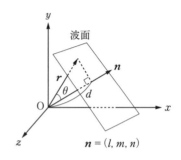

図 7.8　3次元の平面波

$$d = r\cos\theta = |r|\cos\theta = 1\cdot|r|\cos\theta = |n|\cdot|r|\cdot\cos\theta$$
$$= n\cdot r \tag{7.30}$$

また，ベクトルの内積は成分を用いて表すこともできるので，次のように書くことができる．

$$d = n\cdot r = lx + my + nz \tag{7.31}$$

　これまで説明してきたように，$+x$ 方向に進行する波は，

$$u(x, t) = f(x - vt) \tag{7.32}$$

と表すことができたので，これに対比して $+d$ 方向（n 方向）に進行する波は x の代わりに
d を用いて，

$$u(r, t) = f(d - vt) \tag{7.33}$$

と書くことができる．さらに，(7.30) の $d = n\cdot r$ を用いると，次のように波の進行方向も明
示することができる．

$$u(r, t) = f(d - vt) = f(n\cdot r - vt) = f(lx + my + nz - vt) \tag{7.34}$$

　このことを (7.25) で示した正弦波に適用すると，

$$u(r, t) = a\sin\left\{\frac{2\pi}{\lambda}(d - vt)\right\} = a\sin\left\{\frac{2\pi}{\lambda}(n\cdot r - vt)\right\}$$
$$= a\sin\left\{\frac{2\pi}{\lambda}(lx + my + nz - vt)\right\} = a\sin\left\{k(lx + my + nz - vt)\right\}$$
$$= a\sin(klx + kmy + knz - kvt) \tag{7.35}$$

となる．ここで，$k = 2\pi/\lambda$ は波数であり，**波数ベクトル k を**

$$k = (k_x, k_y, k_z) = (kl, km, kn) = kn \tag{7.36}$$

のように定義すると，波数ベクトル k は $+n$ 方向のベクトルである．これを用いると，
(7.35) は次のように書くことができる．

$$u(\boldsymbol{r}, t) = a \sin (klx + kmy + knz - kvt) = a \sin (k_x x + k_y y + k_z z - \omega t)$$
$$= a \sin (\boldsymbol{k} \cdot \boldsymbol{r} - \omega t) \tag{7.37}$$

なお，$\boldsymbol{k} \cdot \boldsymbol{r} = k_x x + k_y y + k_z z$ および（7.6）で示した $\omega = kv$ の関係を用いた．（7.37）が $\boldsymbol{k}$ 方向に進む 3 次元の正弦波（平面波）の式である．$-\boldsymbol{k}$ 方向に進む平面波は，

$$u(\boldsymbol{r}, t) = a \sin (\boldsymbol{k} \cdot \boldsymbol{r} + \omega t) \tag{7.38}$$

と表される．

　物理学では，計算を簡単にするために複素表示がたびたび用いられる．（7.37）および（7.38）に対応する複素表示は，次のようになる．なお，$i = \sqrt{-1}$ である．

$$u(\boldsymbol{r}, t) = a \cos (\boldsymbol{k} \cdot \boldsymbol{r} - \omega t) + ia \sin (\boldsymbol{k} \cdot \boldsymbol{r} - \omega t) = ae^{i(\boldsymbol{k} \cdot \boldsymbol{r} - \omega t)} \tag{7.39}$$
$$u(\boldsymbol{r}, t) = a \cos (\boldsymbol{k} \cdot \boldsymbol{r} + \omega t) + ia \sin (\boldsymbol{k} \cdot \boldsymbol{r} + \omega t) = ae^{i(\boldsymbol{k} \cdot \boldsymbol{r} + \omega t)} \tag{7.40}$$

それぞれの虚部を採用すれば（7.37）および（7.38）になる．

NOTE 7.2　指数関数を用いた複素表示

$f(t) = \cos \omega t$ において，$df/dt = -\omega \sin \omega t$，$d^2f/dt^2 = -\omega^2 \cos \omega t$ となり，関数の形が $\cos \omega t \rightarrow \sin \omega t \rightarrow \cos \omega t$ と変化する．一方，$g(t) = e^{i\omega t}$ では，$dg/dt = i\omega e^{i\omega t}$，$d^2g/dt^2 = -\omega^2 e^{i\omega t}$ となり，関数の形は $e^{i\omega t}$ で変化しない．また，$e^{i\omega t} = \cos \omega t + i \sin \omega t$（オイラーの公式）という関係があるから，途中の計算を $e^{i\omega t}$ を用いて行って計算過程をすっきり書き，最後に実部あるいは虚部を採用することが，しばしば行われる．

7.4　球 面 波

　平面波と並んで，物理学でたびたび登場する波に**球面波**がある．球面波は点波源から放射状かつ一様に広がっていく波で，波面が球面を形成する波である．図 7.9 は球面波の波面の一部を描いた図である．波源から遠ざかる球面波を表す関数は，波源からの距離 r と時間 t との関数で，

$$u(\boldsymbol{r}, t) = \frac{1}{r} f(r - vt) \tag{7.41}$$

という形で表される．以下に，この形の関数が 3 次元の波動方程式

$$\frac{\partial^2 u}{\partial t^2} = v^2 \left(\frac{\partial^2 u}{\partial x^2} + \frac{\partial^2 u}{\partial y^2} + \frac{\partial^2 u}{\partial z^2} \right) \tag{7.42}$$

を満たすことを示す．

　波源を原点 O とし，原点から波面上の点 P (x, y, z) までの距離 r は三平方の定理より

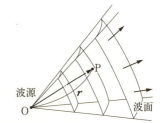

図 7.9　球面波の波面の一部

$$r = \sqrt{x^2 + y^2 + z^2} = (x^2 + y^2 + z^2)^{1/2} \tag{7.43}$$

と表される．合成関数の微分法を用いて，r を x で偏微分すると，

$$\frac{\partial r}{\partial x} = \frac{\partial}{\partial x}(x^2 + y^2 + z^2)^{1/2} = \frac{1}{2}(x^2 + y^2 + z^2)^{(1/2)-1} \cdot \frac{\partial}{\partial x}(x^2 + y^2 + z^2)$$

$$= \frac{1}{2}(x^2 + y^2 + z^2)^{-1/2} \cdot 2x = \frac{x}{\sqrt{x^2 + y^2 + z^2}} = \frac{x}{r} \tag{7.44}$$

となる．y, z についても同様にして次式を得る．

$$\frac{\partial r}{\partial y} = \frac{y}{r} \tag{7.45}$$

$$\frac{\partial r}{\partial z} = \frac{z}{r} \tag{7.46}$$

次に，これらを用いて u を x, y, z で偏微分することを考える．

$$\frac{\partial u}{\partial x} = \frac{\partial u}{\partial r}\frac{\partial r}{\partial x} = \frac{\partial u}{\partial r} \cdot \frac{x}{r}, \quad \frac{\partial u}{\partial y} = \frac{\partial u}{\partial r}\frac{\partial r}{\partial y} = \frac{\partial u}{\partial r} \cdot \frac{y}{r}, \quad \frac{\partial u}{\partial z} = \frac{\partial u}{\partial r}\frac{\partial r}{\partial z} = \frac{\partial u}{\partial r} \cdot \frac{z}{r} \tag{7.47}$$

一番左側の式を x で偏微分して $\partial^2 u/\partial x^2$ を求めるために，まず積の微分法を適用する．続いて，合成関数の微分法を用いて計算すると次のようになる．

(7.47) を代入.　　　積の微分法 $(xyz)' = x'yz + xy'z + xyz'$

$$\frac{\partial^2 u}{\partial x^2} = \frac{\partial}{\partial x}\left(\frac{\partial u}{\partial x}\right) = \frac{\partial}{\partial x}\left(\frac{\partial u}{\partial r} \cdot \frac{x}{r}\right) = \frac{\partial}{\partial x}\left(x \cdot r^{-1} \cdot \frac{\partial u}{\partial r}\right)$$

合成関数の微分法を用いて $\partial(r^{-1})/\partial x = (-1)r^{-2} \cdot (\partial r/\partial x)$

$$= 1 \cdot r^{-1} \cdot \frac{\partial u}{\partial r} + x \cdot (-1)r^{-2}\frac{\partial r}{\partial x} \cdot \frac{\partial u}{\partial r} + x \cdot r^{-1} \cdot \frac{\partial}{\partial x}\left(\frac{\partial u}{\partial r}\right)$$

(7.47)

$$= \frac{1}{r} \cdot \frac{\partial u}{\partial r} - \frac{x}{r^2}\frac{\partial u}{\partial r} \cdot \frac{x}{r} + \frac{x}{r} \cdot \frac{\partial\left(\frac{\partial u}{\partial r}\right)}{\partial x}$$

合成関数の微分法 $\dfrac{\partial \bigcirc}{\partial x} = \dfrac{\partial \bigcirc}{\partial r}\dfrac{\partial r}{\partial x}$

$$= \frac{1}{r} \cdot \frac{\partial u}{\partial r} - \frac{x^2}{r^3} \cdot \frac{\partial u}{\partial r} + \frac{x}{r} \cdot \frac{\partial\left(\frac{\partial u}{\partial r}\right)}{\partial r}\frac{\partial r}{\partial x}$$

(7.44)

$$= \frac{1}{r} \cdot \frac{\partial u}{\partial r} - \frac{x^2}{r^3} \cdot \frac{\partial u}{\partial r} + \frac{x}{r} \cdot \frac{\partial^2 u}{\partial r^2}\frac{x}{r}$$

$$= \frac{1}{r} \cdot \frac{\partial u}{\partial r} - \frac{x^2}{r^3} \cdot \frac{\partial u}{\partial r} + \frac{x^2}{r^2} \cdot \frac{\partial^2 u}{\partial r^2} \tag{7.48}$$

y, z についても同様に,

$$\frac{\partial^2 u}{\partial y^2} = \frac{1}{r} \cdot \frac{\partial u}{\partial r} - \frac{y^2}{r^3} \cdot \frac{\partial u}{\partial r} + \frac{y^2}{r^2} \cdot \frac{\partial^2 u}{\partial r^2} \tag{7.49}$$

$$\frac{\partial^2 u}{\partial z^2} = \frac{1}{r} \cdot \frac{\partial u}{\partial r} - \frac{z^2}{r^3} \cdot \frac{\partial u}{\partial r} + \frac{z^2}{r^2} \cdot \frac{\partial^2 u}{\partial r^2} \tag{7.50}$$

が成り立つ.

これらを用いて以下の計算を行う.

（7.43）より $x^2 + y^2 + z^2 = r^2$.

$$\frac{\partial^2 u}{\partial x^2} + \frac{\partial^2 u}{\partial y^2} + \frac{\partial^2 u}{\partial z^2} = 3 \cdot \frac{1}{r} \cdot \frac{\partial u}{\partial r} - \frac{x^2 + y^2 + z^2}{r^3} \cdot \frac{\partial u}{\partial r} + \frac{x^2 + y^2 + z^2}{r^2} \cdot \frac{\partial^2 u}{\partial r^2}$$

$$= 3 \cdot \frac{1}{r} \cdot \frac{\partial u}{\partial r} - \frac{r^2}{r^3} \cdot \frac{\partial u}{\partial r} + \frac{r^2}{r^2} \cdot \frac{\partial^2 u}{\partial r^2} = 3 \cdot \frac{1}{r} \cdot \frac{\partial u}{\partial r} - \frac{1}{r} \cdot \frac{\partial u}{\partial r} + \frac{\partial^2 u}{\partial r^2}$$

$$= 2 \cdot \frac{1}{r} \cdot \frac{\partial u}{\partial r} + \frac{\partial^2 u}{\partial r^2} = \frac{1}{r} \frac{\partial^2}{\partial r^2} (r \cdot u) \tag{7.51}$$

最後の変形は，次のように右辺の微分を実行することにより確認できる.

$$\frac{1}{r} \frac{\partial^2}{\partial r^2} (r \cdot u) = \frac{1}{r} \frac{\partial}{\partial r} \left\{ \frac{\partial}{\partial r} (r \cdot u) \right\} = \frac{1}{r} \frac{\partial}{\partial r} \left(1 \cdot u + r \cdot \frac{\partial u}{\partial r} \right) = \frac{1}{r} \frac{\partial}{\partial r} \left(u + r \cdot \frac{\partial u}{\partial r} \right)$$

$$= \frac{1}{r} \left(\frac{\partial u}{\partial r} + 1 \cdot \frac{\partial u}{\partial r} + r \cdot \frac{\partial^2 u}{\partial r^2} \right) = \frac{1}{r} \left(2 \cdot \frac{\partial u}{\partial r} + r \cdot \frac{\partial^2 u}{\partial r^2} \right) = \frac{2}{r} \cdot \frac{\partial u}{\partial r} + \frac{\partial^2 u}{\partial r^2}$$

$$\tag{7.52}$$

（7.51）を波動方程式 $\partial^2 u / \partial t^2 = v^2 \{ (\partial^2 u / \partial x^2) + (\partial^2 u / \partial y^2) + (\partial^2 u / \partial z^2) \}$ の右辺に代入すると，

$$\frac{\partial^2 u}{\partial t^2} = v^2 \frac{1}{r} \frac{\partial^2}{\partial r^2} (r \cdot u) \tag{7.53}$$

となり，両辺に r を掛けると次のようになる.

$$r \cdot \frac{\partial^2 u}{\partial t^2} = v^2 \frac{\partial^2}{\partial r^2} (r \cdot u)$$

左辺の微分は t に関する偏微分であるから，r は t にとって定数と見ることができる. したがって，次のように r を t の偏微分のなかに含めることができる.

$$\frac{\partial^2 (r \cdot u)}{\partial t^2} = v^2 \frac{\partial^2}{\partial r^2} (r \cdot u) \tag{7.54}$$

これは1次元の波動方程式 $\partial^2 u / \partial t^2 = v^2 (\partial^2 u / \partial x^2)$ と同じ形なので，$r \cdot u$ に関する一般解も

$$r \cdot u = f_1 (r - vt) + f_2 (r + vt) \tag{7.55}$$

の形となる.

以上から，u の一般解は

$$u = \frac{1}{r} \cdot f_1 (r - vt) + \frac{1}{r} \cdot f_2 (r + vt) \tag{7.56}$$

である。ここで，$(1/r) \cdot f_1(r - vt)$ は波源からあらゆる方向に速さ v で広がる波を表しており，$(1/r) \cdot f_2(r + vt)$ はあらゆる方向から速さ v で 1 点に集まる波を表している。$(1/r)$ という因子がついているので，波の振幅は波源からの距離 r に反比例して減少することがわかる。球面波において，r が十分に大きいところでは，波面の曲率が小さくなり平面波に近づく。

7.5 ホイヘンスの原理

図 7.10 (a) は，点波源 O から発生した球面波（1 次波）において，波面上のあらゆる点から **素元波**（2 次波）とよばれる前方向のみに成分をもつ波が発生し，それらがすべて重ね合わされることによって新しい波面が形成されることを表している。波の伝わり方に関するこのような考えを，**ホイヘンスの原理（ホイヘンス－フレネルの原理）** という。

図 7.10 (b) は，平面波の進行にホイヘンスの原理を適用した例である。左方向から進行してきた平面波の波面上のあらゆる点から発生した素元波の重ね合わせによって，新たな波面が形成される。これを繰り返すことによって，平面波は平面波のまま右方向に進行していくことが説明される。ホイヘンスの原理によって，反射，屈折，回折などの波動現象を説明することができる。

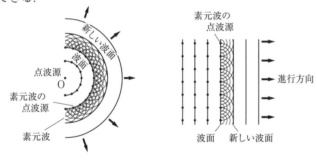

(a) 球面波   (b) 平面波

図 7.10 ホイヘンスの原理

NOTE 7.3 ホイヘンス－フレネルの原理

当初のホイヘンスの原理では，素元波を球面波として，素元波の包絡面を新たな波面としていたが，これでは後退波が発生するという不都合が生じたり，回折現象を正確に説明できないなどの不都合が生じた。後にフレネルによって改良が加えられ，実際の波動現象を正確に説明できるようになった。単にホイヘンスの原理と記されることがあるが，改良が加えられた原理を指している。

図 7.11 は，点波源 O から発生した球面波がスリットに入射する様子を表している。この場合も，ホイヘンスの原理によって 1 次波の波面上のあらゆる点から無数の素元波が発生し，そ

れらがすべて重ね合わされることによって新たな波面が形成される. ここで，注目すべきことは，図中の灰色の線で示したように，スリットの陰になった部分にも**回折波**とよばれる波が回り込むことである. このように，障害物の裏側に波が回り込む現象を**回折**という. 回折が起こることによって，塀の向こう側の人にも声が聞こえたり，山の反対側に電波が届いたりすることが観察される.

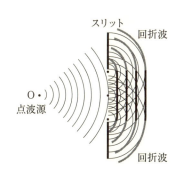

図 7.11 波の回折

波が異なる**媒質**に入射したときに，進行方向が変化する**屈折**とよばれる現象が起こる. 媒質とは，波を伝える物質あるいは空間のことである. 図 7.12 において，上側の媒質 1 での波の速度を v_1，下側の媒質 2 での速度を v_2 とする. 媒質 1 を進行してきた平面波が，境界面の法線に対して**入射角** θ で境界面に入射し，**屈折角** φ で媒質 2 のなかを進行するものとする.

波面 AB に注目すると，この時点では点 A は媒質の境界面に達しているが，点 B は境界には達していない. この時点から点 B が境界面に達するまでの時間を t とすると，BB' の長さは $v_1 t$ である. 一方，その間に点 A から発生した素元波は図のように半径 $v_2 t$ だけ進行する. 点 A と点 B' の間において，点 A 側から順に図の点線で描いたような素元波が無数に発生するので，点 B' からこれらの波面への接線を引くことによって，媒質 2 のなかでの波面 A'B' が得られる.

2 つの三角形 AB'B と三角形 AB'A' は直角三角形であり，∠B'AB $= \theta$，∠AB'A' $= \varphi$ であるから，次の式が成り立つ.

$$\sin\theta = \frac{\mathrm{BB'}}{\mathrm{AB'}} = \frac{v_1 t}{\mathrm{AB'}} \tag{7.57}$$

$$\sin\varphi = \frac{\mathrm{AA'}}{\mathrm{AB'}} = \frac{v_2 t}{\mathrm{AB'}} \tag{7.58}$$

両式から，AB' と t を消去して整理すると次の関係式が得られ，これを**スネルの法則**とよぶ.

$$\frac{\sin\theta}{\sin\varphi} = \frac{v_1}{v_2} \tag{7.59}$$

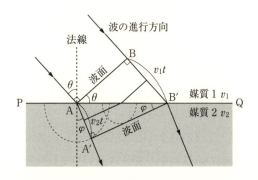

図 7.12 波の屈折

ここで，右辺の v_1/v_2 を媒質 1 に対する媒質 2 の**屈折率**（相対屈折率）とよび，それを n_{12} とおけば，スネルの法則は次のように書くことができ，入射角と屈折角の関係は 2 つの媒質の屈折率で決まる．

$$\frac{\sin\theta}{\sin\varphi} = n_{12} \qquad (7.60)$$

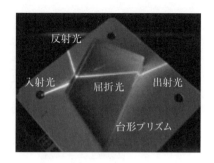

図 7.13 ガラスにレーザー光を入射させたときの様子

図 7.13 は，ガラスの台形プリズムにレーザー光を入射させたときの光の進み方を撮影した写真である．入射光の一部はプリズム表面で反射されて反射光となり，残りが屈折光となってプリズム内を進行する．屈折光はプリズムから出射するときに，再び屈折して元の入射光と平行に進行することが観察される．

7.6 定 在 波

x 軸上を $+x$ 方向に進む正弦波（進行波）

$$f(x,\, t) = a\sin(kx - \omega t) \qquad (7.61)$$

と $-x$ 方向に進む正弦波（後退波）

$$g(x,\, t) = a\sin(kx + \omega t) \qquad (7.62)$$

が重ね合わされると，変位 $u(x,\, t)$ は三角関数の公式 $\sin A + \sin B = 2\sin\{(A+B)/2\}$ $\times\cos\{(A-B)/2\}$ を用いて次のようになる．

$$
\begin{aligned}
u(x,\, t) &= f(x,\, t) + g(x,\, t) = a\sin(kx - \omega t) + a\sin(kx + \omega t) \\
&= 2a\sin\left\{\frac{(kx - \omega t) + (kx + \omega t)}{2}\right\} \times \cos\left\{\frac{(kx - \omega t) - (kx + \omega t)}{2}\right\} \\
&= 2a\sin kx \cos\omega t
\end{aligned}
\qquad (7.63)
$$

ここで，$A(x) = 2a\sin kx$ とおくと

$$u(x,\, t) = A(x)\cdot\cos\omega t \qquad (7.64)$$

となる．これは，各点が同じ角振動数 ω で単振動しているが，振幅は位置 x によって異なることを表している．図 7.14 に，時刻 $t_1 \sim t_6$（t の間隔は等間隔ではない）における変位の様子を示す．進行波と後退波，およびそれらの重ね合わせによって形成される**定在波**（定常波）が描かれている．

図 7.14 において，3 つの点 P，Q，R の動きを見ることにする．図より，点 P と点 R の位置において，時刻 $t = t_5$ で定在波の振幅は最大となっている．したがって，$|A(x)| = |2a\sin kx|$ が最大になるためには，点 P と点 R において $\sin kx = \pm 1$ である．図より，点 P と点 R では振動の位相が π [rad] 異なっているので，点 P において $kx_P = -(\pi/2) + 2n\pi$（n

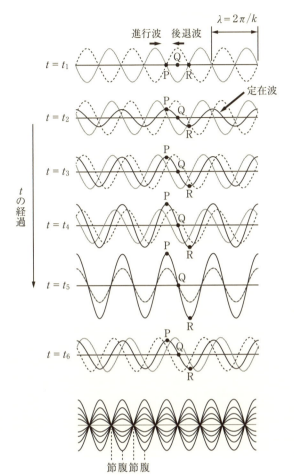

$\lambda = 2\pi/k$

進行波　後退波

$t = t_1$

定在波

$t = t_2$

$t = t_3$

t の経過

$t = t_4$

$t = t_5$

$t = t_6$

図 7.14 定在波

節腹節腹

は整数）とすれば，点 R では $kx_R = +(\pi/2) + 2n\pi$ である．これを用いると $|kx_R - kx_P| = \pi$ であるから，$|x_R - x_P| = (\pi/k) = \pi/(2\pi/\lambda) = (\lambda/2)$ となり，点 P と点 R では進行波および後退波の半波長分離れていることがわかる．

　（7.64）より定在波では，各点が同じ位相 ωt で振動するだけなので，定在波は進行しない．点 P および点 Q のように $\sin kx = \pm 1$ の位置で振幅が常に最大になるから，この点を定在波の**腹**とよぶ．一方，点 Q のように $\sin kx = 0$ を満たす点では振幅が常に 0 であるから，定在波の**節**とよばれる．

7.7　波が運ぶエネルギー

　本節では，ひもを伝わる波について，その波が運ぶエネルギーを求める．まず，質量 m [kg] の質点が運動しており，その変位が時間の関数として $u(t)$ [m] と表されるとき，質点

の運動エネルギーは,

$$（質点の運動エネルギー）= \frac{1}{2}mv^2 = \frac{1}{2}m\left(\frac{du}{dt}\right)^2 [\text{J}] \tag{7.65}$$

である. 図 7.15 は, ひもの微小部分が変位したとき, 点 P の変位が $u(x, t)$ [m], 点 Q の変位が $u(x + \Delta x, t)$ [m] であることを示している. また, この部分の長さは, 変位前に Δx [m] であったのが, 変位後は Δl [m] になったことを示している. この部分の質量は変位前の長さ Δx とひもの線密度 σ [kg/m] を用いて, $m = \sigma \cdot \Delta x$ [kg] である. いま, ひもが単位長さ当り E_K [J/m] の運動エネルギー（運動エネルギー密度）をもっているものとすると, 長さ Δx の部分の運動エネルギーは $E_\text{K} \cdot \Delta x$ であるから, (7.65) を用いて

$$E_\text{K} \cdot \Delta x = \frac{1}{2}(\sigma \cdot \Delta x)\left(\frac{du}{dt}\right)^2 \tag{7.66}$$

と書くことができる.

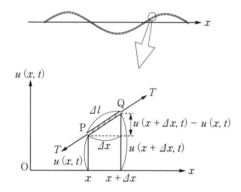

図 7.15 ひもの変位

　同様に, E_P を単位長さ当りのポテンシャルエネルギー（ポテンシャルエネルギー密度）とすれば, ひもの微小部分 Δx に蓄えられたポテンシャルエネルギーは $E_\text{P} \cdot \Delta x$ であり, これは張力 T がした仕事に等しい. ひもの微小部分は張力によって Δx から $\Delta l = \sqrt{(\Delta x)^2 + (\Delta u)^2}$ に伸びたから, 伸びた長さに張力 T を掛けることによって, ポテンシャルエネルギーを求めることができる. したがって, $E_\text{P} \cdot \Delta x$ は次のように求めることができる.

$$E_\text{P} \cdot \Delta x = T \cdot (\Delta l - \Delta x) = T\left\{\sqrt{(\Delta x)^2 + (\Delta u)^2} - \Delta x\right\} = T\left\{\Delta x\sqrt{1 + \left(\frac{\Delta u}{\Delta x}\right)^2} - \Delta x\right\}$$

$$\approx T\Delta x\left\{\sqrt{1 + \left(\frac{\partial u}{\partial x}\right)^2} - 1\right\} = T\Delta x\left[\left\{1 + \left(\frac{\partial u}{\partial x}\right)^2\right\}^{1/2} - 1\right]$$

$$\approx T\Delta x\left\{1 + \frac{1}{2}\left(\frac{\partial u}{\partial x}\right)^2 - 1\right\} = \frac{1}{2}T\Delta x\left(\frac{\partial u}{\partial x}\right)^2 \quad\boxed{(1 + \Delta x)^{1/2} \approx 1 + \frac{1}{2}\Delta x.}$$

$$\tag{7.67}$$

　ここでは, ひもの伸びは小さく $\partial u/\partial x$ が小さいものとして, 近似式 $(1 + \Delta x)^{1/2} \approx 1 + (1/2)\Delta x$

を用いた．したがって，ひもの単位長さ当りの全エネルギー（全エネルギー密度）を $E\,[\mathrm{J/m}]$ とすれば，ひもの微小部分の全エネルギー $E\cdot\varDelta x$ は，(7.66) と (7.67) の和として次のように書くことができる．

$$
\begin{aligned}
E\cdot\varDelta x &= E_{\mathrm{K}}\cdot\varDelta x + E_{\mathrm{P}}\cdot\varDelta x \\
&= \frac{1}{2}\sigma\,\varDelta x\left(\frac{\partial u}{\partial t}\right)^2 + \frac{1}{2}T\,\varDelta x\left(\frac{\partial u}{\partial x}\right)^2 = \frac{1}{2}\sigma\left\{\left(\frac{\partial u}{\partial t}\right)^2 + \frac{T}{\sigma}\left(\frac{\partial u}{\partial x}\right)^2\right\}\varDelta x \\
&= \frac{1}{2}\sigma\left\{\left(\frac{\partial u}{\partial t}\right)^2 + v^2\left(\frac{\partial u}{\partial x}\right)^2\right\}\varDelta x
\end{aligned}
\tag{7.68}
$$

なお，第5章の (5.17) で示した $v=\sqrt{T/\sigma}$ の関係を用いた．

いま，波が正弦波であるとき，

$$
u(x,\,t) = a\sin(kx - \omega t)
\tag{7.69}
$$

について，ひもの微小部分がもつ波の全エネルギーを求めてみる．(7.69) を (7.68) に代入すると，

$$
\begin{aligned}
E\cdot\varDelta x &= \frac{1}{2}\sigma\left\{\left(\frac{\partial u}{\partial t}\right)^2 + v^2\left(\frac{\partial u}{\partial x}\right)^2\right\}\varDelta x \\
&= \frac{1}{2}\sigma\left[\{-a\omega\cos(kx-\omega t)\}^2 + v^2\{ak\cos(kx-\omega t)\}^2\right]\varDelta x \\
&= \frac{1}{2}\sigma a^2(\omega^2 + v^2k^2)\cos^2(kx-\omega t)\cdot\varDelta x = \frac{1}{2}\sigma a^2(\omega^2 + \omega^2)\cos^2(kx-\omega t)\cdot\varDelta x \\
&= \sigma a^2\omega^2\cos^2(kx-\omega t)\cdot\varDelta x
\end{aligned}
\tag{7.70}
$$

となる．計算の途中において，(7.6) で示した $\omega = kv$ の関係を用いた．したがって，ひもを伝わる正弦波について，単位長さ当りの全エネルギーは次のようになる．

$$
E = \sigma a^2\omega^2\cos^2(kx-\omega t)\,[\mathrm{J/m}]
\tag{7.71}
$$

次に，正弦波における単位長さ当りの全エネルギー E の時間平均を求めると次のようになる．計算に際して，1周期 $t=0\sim T$ で積分を実行する．

$$
\begin{aligned}
\overline{E} &= \frac{1}{T}\int_0^T E\,dt = \frac{1}{T}\int_0^T \sigma a^2\omega^2\cos^2(kx-\omega t)\,dt = \frac{1}{T}\sigma a^2\omega^2\int_0^T\cos^2(kx-\omega t)\,dt \\
&= \frac{1}{T}\sigma a^2\omega^2\int_0^T\frac{1+\cos 2(kx-\omega t)}{2}\,dt = \frac{1}{2}\frac{1}{T}\sigma a^2\omega^2\left[t + \frac{\sin 2(kx-\omega t)}{-2\omega}\right]_0^T \\
&= \frac{1}{2}\frac{1}{T}\sigma a^2\omega^2\left[(T-0) - \frac{1}{2\omega}\{\sin 2(kx-\omega T) - \sin 2kx\}\right] \\
&= \frac{1}{2}\frac{1}{T}\sigma a^2\omega^2\left[T - \frac{1}{2\omega}\{\sin 2(kx-2\pi) - \sin 2kx\}\right] \\
&= \frac{1}{2}\frac{1}{T}\sigma a^2\omega^2\left\{T - \frac{1}{2\omega}(\sin 2kx - \sin 2kx)\right\} = \frac{1}{2}\frac{1}{T}\sigma a^2\omega^2\cdot T = \frac{1}{2}\sigma a^2\omega^2
\end{aligned}
\tag{7.72}
$$

最後の計算では，周期関数において $\omega T = 2\pi$ であることを用いた．この結果より，ひもの正弦波が運ぶ単位長さ当りの全エネルギーの時間平均は，振幅 a の2乗および角振動数 ω の

2乗に比例することがわかる．同様の計算を単位長さ当りの運動エネルギー E_K および単位長さ当りのポテンシャルエネルギー E_P について行うと，次のように，それぞれ単位長さ当りの全エネルギーの1/2になっていることがわかる．

$$\overline{E}_K = \frac{1}{4}\sigma a^2\omega^2 = \frac{1}{2}\overline{E} \tag{7.73}$$

$$\overline{E}_P = \frac{1}{4}\sigma a^2\omega^2 = \frac{1}{2}\overline{E} \tag{7.74}$$

この結果から，全エネルギーは運動エネルギーとポテンシャルエネルギーに半分ずつ配分されていることがわかる．

章 末 問 題

【7.1】 図 7.16 のように，単位長さ当りの質量（線密度）が $\sigma\,[\mathrm{kg/m}]$ である弦の左端を壁に固定し，他端を滑車にかけて質量 $m\,[\mathrm{kg}]$ のおもりを吊るす．弦を指ではじいたとき，弦に発生する波の波長を $\lambda\,[\mathrm{m}]$ として，以下の問いに答えなさい．なお，壁から滑車までの弦の長さを $L\,[\mathrm{m}]$ とし，重力加速度を $g\,[\mathrm{m/s^2}]$ とする．

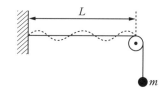

図 7.16

（1） 弦に発生する波の速度 $v\,[\mathrm{m/s}]$ を求めなさい．

（2） $L = (1/2)\lambda$，λ，$(3/2)\lambda$ のときの弦の振動数を求めなさい．

【7.2】 x 軸上を $+x$ 方向に進行する正弦波において，波長を λ，振幅を a，初期位相を φ，位相速度を v とするとき，正弦波を表す関数 $f(x, t)$ を書きなさい．また，$-x$ 方向に進む正弦波 $g(x, t)$ を表す関数も書きなさい．

【7.3】 図 7.17 のように線密度（単位長さ当りの質量）$\sigma = 2 \times 10^{-2}\,[\mathrm{kg/m}]$ のひもが，張力 $T = 200\,\mathrm{N}$ で x 軸上に張られている．このひもの左端の x 座標を $x = 0$ とし，そこにひもと垂直方向に変位 $u(x = 0, t) = 0.01\cos(1000\,\pi t)\,[\mathrm{m}]$ を与える．ひもの長さは十分に長いものとして，以下の問いに答えなさい．　ヒント：$v = \sqrt{T/\sigma}$，$\omega = kv$ を使う．

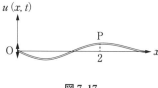

図 7.17

（1） 原点 O から 2m 離れた点 P でのひもの変位を，t の関数として求めなさい．

（2） 点 P において，ひもがもつ u 軸方向の速度，加速度を求めなさい．

【7.4】 図 7.18 に示すように，ダブルスリットに波長 λ のレーザー光を入射すると，スリット S_1 と S_2 を通過した光が互いに干渉して，スクリーン上には写真に示すような明点が観測される．

（1） 図 7.18 にホイヘンスの原理を適用して，スクリーン上に輝点ができる理由を説明しなさい．なお，レーザー光は平面波とする．

図7.18　ヤングの実験

（2）　2つのスリット間隔を d, スクリーンまでの距離を L とし, 図7.19に示す座標系を用いて, 以下の仮定の下で明点の y 座標を求めなさい.

・L は d より十分に大きく, 角度 θ は小さい.

・L は十分に大きいので, 3つの直線 S_1C, BC, S_2C はほぼ平行である.

・S_1 と S_2 の幅は考えないこととする.

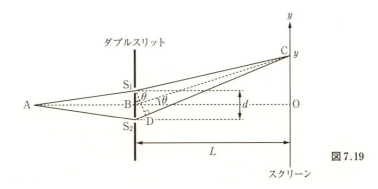

図7.19

8. フーリエ解析の基礎

振動・波動現象を観測するとき，時間に対して時々刻々その変位を観測する場合と，振動に含まれる周波数成分を観測する場合がある．前者は振動の波形を時間 t の関数として観測することに相当し，後者は，振動を角周波数 ω の関数（スペクトル）として観測することに相当する．時間軸での波形を周波数成分に分解してスペクトルを導くことを，フーリエ解析とよぶ．

基本的なフーリエ解析には，周期性をもつ波形に適用するフーリエ級数展開と，周期性をもたない関数に適用することができるフーリエ変換がある．フーリエ解析をすることによって，時間軸波形だけでは得られない多くの情報を取り出すことができるので，フーリエ解析は理工学のさまざまな分野で活用されている．本章では，フーリエ級数展開とフーリエ変換の基本原理について記述することにする．

なお，ここで扱う積分は，発散することなく収束するものとして話を進める．

NOTE 8.1　ジョゼフ・フーリエ（Joseph Fourier）1768-1830

フーリエは，フランスの数学者であり物理学者でもある．1790 年にエコール・ポリテクニクの教授となった．1798 年からナポレオンのエジプト遠征に同行し，さまざまな助言をした．熱伝導の研究を通じて熱伝導方程式を導出するとともに，これを解くためにフーリエ解析の理論を提唱した．

8.1　三角関数の重ね合わせ

図 8.1 は，時間軸において，定数項と 5 つの三角関数の波形を足し合わせる（重ね合わせる）ことによって，一番下の図に示すパルス波形ができることを示している．これを式で表すと次のようになる．

$$f(t) = \frac{1}{\pi a} + a\cos\omega_0 t - \frac{1}{3}a\cos 3\omega_0 t + \frac{1}{5}a\cos 5\omega_0 t - \frac{1}{7}a\cos 7\omega_0 t + \frac{1}{9}a\cos 9\omega_0 t$$

$$(8.1)$$

このとき，$a\cos\omega_0 t$ を**基本波**とよび，それ以降は**高調波**とよばれる．定数項 $1/\pi a$ は角周波数が 0 に相当する．ω_0 は基本波の角周波数（角振動数）で，それを用いると基本波の周期は，

$$T = \frac{2\pi}{\omega_0} \tag{8.2}$$

である．ω_0 が基準の角周波数となっており，高調波では $3\omega_0$（3 倍波），$5\omega_0$（5 倍波），$7\omega_0$（7 倍波），$9\omega_0$（9 倍波）のように角周波数が大きくなっている．振幅については基本波が a

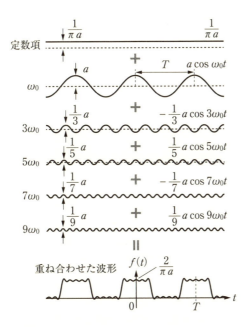

図8.1 正弦波を重ね合わせる.

であるのに対して，高調波では$a/3$, $a/5$, $a/7$, $a/9$のように小さくなっている．また，3倍波と7倍波は符号をマイナスとして重ね合わせている．図8.1の例では9倍波まで重ね合わせたが，さらに奇数次の高調波を重ね

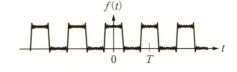

図8.2 矩形波（方形波）

合わせていくと，$f(t)$は図8.2に示すような周期Tの矩形波（方形波）に近づいていくことが知られている．図では，波形の立ち上がりと立ち下がりの角の部分で波形は鋭く尖り，パルスの平坦部では細かい振動が存在している．これはギブスの現象とよばれており，重ね合わせる高調波の数を増やしても消えることはない．

　上記の例では，複数の三角関数を重ね合わせることによって矩形波が合成できることを示したが，逆に矩形波を三角関数の和に分解することもできるはずである．このように，周期的な関数を三角関数の和に分解する操作を**フーリエ級数展開**という．フーリエ級数展開をすることによって，時間軸で見た関数$f(t)$に，どのような角周波数の三角関数がどのような割合で含まれているかを知ることができる．それを角周波数ωの関数として$F(\omega)$と表し，これを**スペクトル**とよぶ．図8.3に，時間軸波形$f(t)$とスペクトル$F(\omega)$のイメージ図を示す．このように，時間軸波形$f(t)$を周波数成分に分解して解析する方法を**フーリエ解**

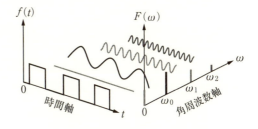

図8.3 時間軸波形とスペクトル

析とよぶ．以下に，周期性をもつ関数に適用する**フーリエ級数展開**と，周期性をもたない関数に適用する**フーリエ変換**について記す．

NOTE 8.2　スペクトル

　太陽の光をガラスのプリズムに入射させると，色の帯が観測される．これは光の波長に応じてガラスの屈折率が異なること（分散という）によって，それぞれの色をもつ光の屈折角が変化するためである．このような，波長ごとの光の強度分布を分光スペクトルという．光のスペクトルを測定する装置は，分光器とよばれる．また，電子回路では，スペクトルアナライザーとよばれる測定器によって周波数ごとに信号強度を測定し，グラフの横軸に周波数を，縦軸に信号強度（電力）をプロットしてスペクトルを表示する．

NOTE 8.3　空間でのフーリエ級数展開

　本書では，時間軸での関数 $f(t)$ について角周波数成分のスペクトルを求める方法を解説するが，第7章で述べたように x 軸上を進行する波動は $f(kx \pm \omega t)$ と表されるので，波数 $k = 2\pi/\lambda$ についてのフーリエ解析も可能であり，実際に波長に関するスペクトルも広く用いられている．

NOTE 8.4　周波数 f と角周波数 ω

　両者の関係は，第1章で記したように $\omega = 2\pi f$ の関係がある．$f(t) = a\sin\omega t$ は $f(t) = a\sin 2\pi ft$ と表すことができるので，ω および f 双方に関するスペクトルを求めることができる．本書では，主に ω に関するスペクトルとして解説する．

8.2　三角関数の直交性 *

　本節では，フーリエ解析に必要な三角関数に関する数学的準備を行う．三角関数の加法定理を（8.3）～（8.6）に示す．

$$\sin(x + y) = \sin x \cos y + \cos x \sin y \tag{8.3}$$

$$\sin(x - y) = \sin x \cos y - \cos x \sin y \tag{8.4}$$

$$\cos(x + y) = \cos x \cos y - \sin x \sin y \tag{8.5}$$

$$\cos(x - y) = \cos x \cos y + \sin x \sin y \tag{8.6}$$

加法定理を用いて，（8.3）＋（8.4），（8.5）＋（8.6），（8.5）－（8.6）を作ることによって，積を和（または差）に直す次の公式が導かれる．

$$\sin x \cos y = \frac{1}{2}\{\sin(x + y) + \sin(x - y)\} \tag{8.7}$$

$$\cos x \cos y = \frac{1}{2} \{\cos(x + y) + \cos(x - y)\} \tag{8.8}$$

$$\sin x \sin y = -\frac{1}{2} \{\cos(x + y) - \cos(x - y)\} \tag{8.9}$$

次に，コサイン（余弦）とサイン（正弦）について，その波形を観察することにする．基本波の角周波数を ω_0，周期を T として，$\cos n\omega_0 t$ および $\sin n\omega_0 t$ のグラフを $n = 1, 2, 3$ として図 8.4 に描いてある．この図からわかるように，$\cos n\omega_0 t$ のグラフは $t = 0$ に対して左右対称である．このような関数は**偶関数**とよばれる．一方，$\sin n\omega_0 t$ は原点に関して点対称である．このような関数は**奇関数**とよばれる．

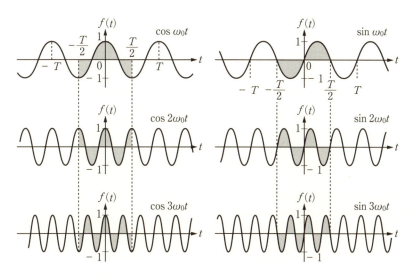

図 8.4 $\cos n\omega_0 t$ と $\sin n\omega_0 t$ $(n = 1, 2, 3)$. 基本波の周期を T として描いてある.

NOTE 8.5 偶関数と奇関数の和および積

偶関数と奇関数の和および積には，次のような関係がある．三角関数の積分を行うときに，これらの関係を用いると計算の見通しがよくなる．

偶関数 ＋ 偶関数 ＝ 偶関数，奇関数 ＋ 奇関数 ＝ 奇関数

偶関数 × 偶関数 ＝ 偶関数，奇関数 × 奇関数 ＝ 偶関数，偶関数 × 奇関数 ＝ 奇関数

次に，2 つの三角関数の積を 1 周期（$-T/2 \sim T/2$）にわたって積分することよって，次頁の $(8.10) \sim (8.12)$ に示す**三角関数の直交性**を導くことができる．ともに 1 以上の整数 m と n が等しいかどうかによって，結果が 0 か 1 になることを表している．なお，積分の前についている $2/T$ は，結果を 0 か 1 に規格化するための係数である．また，積分を実行する際に $(8.3) \sim (8.6)$ および $(8.7) \sim (8.9)$ を用いた．

$$\frac{2}{T}\int_{-T/2}^{T/2} \sin m\omega_0 t \cdot \sin n\omega_0 t \, dt = \left\{ \begin{array}{ll} 0 & (m \neq n) \\ 1 & (m = n) \end{array} \right. \tag{8.10}$$

$$\frac{2}{T}\int_{-T/2}^{T/2} \cos m\omega_0 t \cdot \cos n\omega_0 t \, dt = \left\{ \begin{array}{ll} 0 & (m \neq n) \\ 1 & (m = n) \end{array} \right. \tag{8.11}$$

$$\int_{-T/2}^{T/2} \sin m\omega_0 t \cdot \cos n\omega_0 t \, dt = 0 \tag{8.12}$$

NOTE 8.6　関数の直交性

2つのベクトル $\boldsymbol{A} = (A_1, A_2, A_3)$ と $\boldsymbol{B} = (B_1, B_2, B_3)$ の内積は，$\boldsymbol{A} \cdot \boldsymbol{B} = A_1 B_1 + A_2 B_2 + A_3 B_3 = \sum_n A_n B_n$ のように，それぞれの成分同士の積について和を取ることによって求められる．$\boldsymbol{A}$ と $\boldsymbol{B}$ が直交するときは $\boldsymbol{A} \cdot \boldsymbol{B} = 0$ となる．これを2つの関数に適用したのが，関数の直交性である．その際，$\sum$ を $\int$ におきかえて $\int f(x)\,g(x)\,dx$ とする．この値が0になるとき，2つの関数は直交すると定義する．

　次の節では，以上の関係を用いて，時間軸での周期的な波形からスペクトルを求めるフーリエ級数展開について記すことにする．

8.3　フーリエ級数展開

　図8.5は，周期 T で繰り返す周期関数 $f(t)$ のイメージ図である．周期関数は次の式のように，t が周期 T だけずれても関数の値は同じになる．三角関数は代表的な周期関数である．

$$f(t) = f(t + T) \tag{8.13}$$

いま，周期関数 $f(t)$ をコサイン（cos）とサイン（sin）の重ね合わせとして，次のように級数展開することを考える．

$$\begin{aligned} f(t) &= a_0 + \sum_{n=1}^{\infty} (a_n \cos n\omega_0 t + b_n \sin n\omega_0 t) \\ &= a_0 + a_1 \cos \omega_0 t + a_2 \cos 2\omega_0 t + a_3 \cos 3\omega_0 t + \cdots + a_n \cos n\omega_0 t + \cdots \\ &\quad + b_1 \sin \omega_0 t + b_2 \sin 2\omega_0 t + b_3 \sin 3\omega_0 t + \cdots + b_n \sin n\omega_0 t + \cdots \end{aligned} \tag{8.14}$$

$\cos \omega_0 t$ と $\sin \omega_0 t$ は基本波の振動を表しており，それに対応する周期は（8.2）で示したよう

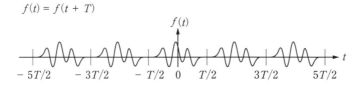

図8.5　周期関数

に $T = 2\pi/\omega_0$ である.

　周期関数 $f(t)$ を前頁のように級数展開することを「**フーリエ級数に展開する**」といい, この級数のことを**フーリエ級数**とよぶ. $f(t)$ をフーリエ級数に展開することによって, 角周波数 $n\omega_0$ に対応する振動成分の振幅を求めることができる.

　次に, それぞれの係数 $a_0,\ a_1,\ a_2,\ \cdots,\ a_n,\ \cdots,\ b_1,\ b_2,\ \cdots,\ b_n,\ \cdots$ をどのように決めればよいかを記す. まず, 定数 a_0 を決定するために, 次のように (8.14) を $-T/2 \sim T/2$ の範囲で積分する.

> 図8.4で, ＋側の面積は－側の面積とそれぞれ打ち消し合うので 0.

$$\int_{-T/2}^{T/2} f(t)\, dt = a_0 \int_{-T/2}^{T/2} dt \; \Bigg| + a_1 \int_{-T/2}^{T/2} \cos \omega_0 t\, dt + a_2 \int_{-T/2}^{T/2} \cos 2\omega_0 t\, dt + a_3 \int_{-T/2}^{T/2} \cos 3\omega_0 t\, dt + \cdots$$
$$+ b_1 \int_{-T/2}^{T/2} \sin \omega_0 t\, dt + b_2 \int_{-T/2}^{T/2} \sin 2\omega_0 t\, dt + b_3 \int_{-T/2}^{T/2} \sin 3\omega_0 t\, dt + \cdots$$

$$= a_0 \left[t\right]_{-T/2}^{T/2} = a_0 T \tag{8.15}$$

$$\therefore \quad a_0 = \frac{1}{T} \int_{-T/2}^{T/2} f(t)\, dt \tag{8.16}$$

次に (8.14) の両辺に $\cos \omega_0 t$ を乗じてから, $-T/2 \sim T/2$ の範囲で各項を次のように積分する.

> 図8.4 より 0.

> (8.11) で $m = n = 1$ として $T/2$.

$$\int_{-T/2}^{T/2} f(t) \cdot \cos \omega_0 t\, dt = a_0 \int_{-T/2}^{T/2} \cos \omega_0 t\, dt + a_1 \int_{-T/2}^{T/2} \cos \omega_0 t \cdot \cos \omega_0 t\, dt$$

$$+ a_2 \int_{-T/2}^{T/2} \cos 2\omega_0 t \cdot \cos \omega_0 t\, dt + \cdots$$

> (8.11) で $m \ne n$ の場合だから 0.

$$+ b_1 \int_{-T/2}^{T/2} \sin \omega_0 t \cdot \cos \omega_0 t\, dt + b_2 \int_{-T/2}^{T/2} \sin 2\omega_0 t \cdot \cos \omega_0 t\, dt + \cdots$$

> (8.12) より 0.

$$= \frac{T}{2} a_1 \tag{8.17}$$

$$\therefore \quad a_1 = \frac{2}{T} \int_{-T/2}^{T/2} f(t) \cdot \cos \omega_0 t\, dt \tag{8.18}$$

　同様に, (8.14) の両辺に $\cos 2\omega_0 t,\ \cos 3\omega_0 t,\ \cdots$ を乗じてから $-T/2 \sim T/2$ の範囲で積分すると, $a_2,\ a_3,\ \cdots,\ a_n,\ \cdots$ は次のように決定される.

$$\left.\begin{array}{l} a_2 = \dfrac{2}{T} \displaystyle\int_{-T/2}^{T/2} f(t) \cdot \cos 2\omega_0 t\, dt, \qquad a_3 = \dfrac{2}{T} \displaystyle\int_{-T/2}^{T/2} f(t) \cdot \cos 3\omega_0 t\, dt, \cdots \\[3mm] a_n = \dfrac{2}{T} \displaystyle\int_{-T/2}^{T/2} f(t) \cdot \cos n\omega_0 t\, dt, \cdots \end{array}\right\} \tag{8.19}$$

　また, (8.14) の両辺に $\sin \omega_0 t,\ \sin 2\omega_0 t,\ \sin 3\omega_0 t,\ \cdots$ を乗じてから $-T/2 \sim T/2$ の範囲で積分すると, $b_1,\ b_2,\ b_3,\ \cdots,\ b_n,\ \cdots$ も次のように決定される.

$$b_1 = \frac{2}{T}\int_{-T/2}^{T/2} f(t)\cdot\sin \omega_0 t\, dt, \qquad b_2 = \frac{2}{T}\int_{-T/2}^{T/2} f(t)\cdot\sin 2\omega_0 t\, dt, \cdots$$

$$b_n = \frac{2}{T}\int_{-T/2}^{T/2} f(t)\cdot\sin n\omega_0 t\, dt, \cdots \qquad\qquad\qquad\qquad\quad (8.20)$$

以上をまとめると，周期関数 $f(t)$ は次のようにフーリエ級数に展開することができる．

$$f(t) = a_0 + \sum_{n=1}^{\infty} (a_n \cos n\omega_0 t + b_n \sin n\omega_0 t) \qquad (8.21)$$

$$a_0 = \frac{1}{T}\int_{-T/2}^{T/2} f(t)\, dt \qquad\qquad\qquad\qquad (8.22)$$

$$a_n = \frac{2}{T}\int_{-T/2}^{T/2} f(t)\cdot\cos n\omega_0 t\, dt \quad (n = 1,\, 2,\, 3, \cdots) \qquad (8.23)$$

$$b_n = \frac{2}{T}\int_{-T/2}^{T/2} f(t)\cdot\sin n\omega_0 t\, dt \quad (n = 1,\, 2,\, 3, \cdots) \qquad (8.24)$$

NOTE 8.7 積分範囲

　図8.6は，$-T/2 \sim T/2$ まで積分する場合と，$0 \sim T$ まで積分する場合を表している．$\omega T = 2\pi$ の関係があるから，(a) (b) いずれの場合も点 P は円周上を1周するので，2π にわたって積分することに相当する．

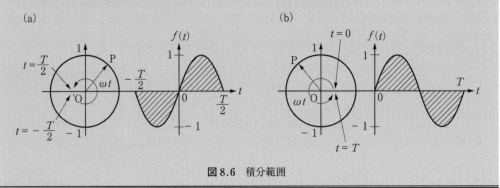

図8.6　積分範囲

例題 8.1

　図8.7に示す周期 T，パルス幅 τ の矩形波（方形波）を表す関数 $f(t)$ を，フーリエ級数に展開しなさい．

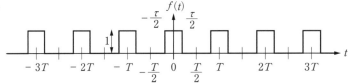

図8.7　矩形波

解 $-T/2 \sim -\tau/2,\ -\tau/2 \sim +\tau/2,\ +\tau/2 \sim +T/2$ の3つの区間に分けて,積分を実行する.

$$a_0 = \frac{1}{T}\int_{-T/2}^{T/2} f(t)\, dt = \frac{1}{T}\int_{-T/2}^{-\tau/2} 0\, dt + \frac{1}{T}\int_{-\tau/2}^{\tau/2} 1\, dt + \frac{1}{T}\int_{\tau/2}^{T/2} 0\, dt = \frac{1}{T}\,[t]_{-\tau/2}^{\tau/2} = \frac{\tau}{T} \qquad ①$$

$n \neq 0$ については次のようになる.計算には $\omega_0 = 2\pi/T$ であることを用いる.

$$\begin{aligned}
a_n &= \frac{2}{T}\int_{-T/2}^{T/2} f(t)\cdot\cos n\omega_0 t\, dt \\
&= \frac{2}{T}\int_{-T/2}^{-\tau/2} 0\cdot\cos n\omega_0 t\, dt + \frac{2}{T}\int_{-\tau/2}^{\tau/2} 1\cdot\cos n\omega_0 t\, dt + \frac{2}{T}\int_{\tau/2}^{T/2} 0\cdot\cos n\omega_0 t\, dt \\
&= \frac{2}{T}\left[\frac{\sin n\omega_0 t}{n\omega_0}\right]_{-\tau/2}^{\tau/2} = \frac{2}{n\omega_0 T}\left(\sin\frac{n\omega_0\tau}{2} - \sin\frac{-n\omega_0\tau}{2}\right) \\
&= \frac{2}{n\omega_0 T}\left(\sin\frac{n\omega_0\tau}{2} + \sin\frac{n\omega_0\tau}{2}\right) = \frac{4}{n\omega_0 T}\sin\frac{n\omega_0\tau}{2} \qquad ②
\end{aligned}$$

$$\begin{aligned}
b_n &= \frac{2}{T}\int_{-T/2}^{T/2} f(t)\cdot\sin n\omega_0 t\, dt \\
&= \frac{2}{T}\int_{-T/2}^{-\tau/2} 0\cdot\sin n\omega_0 t\, dt + \frac{2}{T}\int_{-\tau/2}^{\tau/2} 1\cdot\sin n\omega_0 t\, dt + \frac{2}{T}\int_{\tau/2}^{T/2} 0\cdot\sin n\omega_0 t\, dt \\
&= \frac{2}{T}\left[-\frac{\cos n\omega_0 t}{n\omega_0}\right]_{-\tau/2}^{\tau/2} = \frac{-2}{n\omega_0 T}\left(\cos\frac{n\omega_0\tau}{2} - \cos\frac{-n\omega_0\tau}{2}\right) \\
&= \frac{-2}{n\omega_0 T}\left(\cos\frac{n\omega_0\tau}{2} - \cos\frac{n\omega_0\tau}{2}\right) = 0 \qquad ③
\end{aligned}$$

ここで,$T = 2\tau$ および $\omega_0 T = 2\pi$ として,a_n を具体的に求めると,

$$a_0 = \frac{1}{2},\ a_1 = \frac{2}{\pi},\ a_2 = 0,\ a_3 = -\frac{2}{3\pi},\ a_4 = 0,\ a_5 = \frac{2}{5\pi},\ a_6 = 0,$$
$$a_7 = -\frac{2}{7\pi},\ a_8 = 0,\ a_9 = \frac{2}{9\pi},\ \cdots$$

であるから,以下のようになる.

$$\begin{aligned}
f(t) &= a_0 + \sum_{n=1}^{\infty}(a_n\cos n\omega_0 t + b_n\sin n\omega_0 t) \\
&= \frac{1}{2} + \frac{2}{\pi}\cos\omega_0 t - \frac{2}{3\pi}\cos 3\omega_0 t + \frac{2}{5\pi}\cos 5\omega_0 t - \frac{2}{7\pi}\cos 7\omega_0 t + \frac{2}{9\pi}\cos 9\omega_0 t \cdots \quad ④
\end{aligned}$$

これは,(8.1) において $\pi a = 2$ としたのと同じ結果である.また,図8.7の関数 $f(t)$ は $t = 0$ に対して左右対称なので偶関数である.この $f(t)$ をフーリエ級数展開したところ,④のように定数と $a_n\cos n\omega_0 t$ の項だけが値をもつので,偶関数の和だけで級数展開されていることがわかる.　　　◆

8.4　離散スペクトルから連続スペクトルへの移行

　前節では,周期 T をもつ関数 $f(t)$ のスペクトルを求めるためのフーリエ級数展開について記した.フーリエ級数展開では,n を整数として角周波数 $n\omega_0$ におけるスペクトル強度が得られるので,角周波数が ω_0 間隔の不連続なスペクトルとなる.本節では,周期性をもたない関数 $f(t)$ のスペクトルを求めるために,フーリエ級数展開からフーリエ変換に移行する過程に

ついて記すことにする.

前節の,例題 8.1 で求めた矩形波のフーリエ級数を再度記す.

$$f(t) = a_0 + \sum_{n=1}^{\infty} (a_n \cos n\omega_0 t + b_n \sin n\omega_0 t) \tag{8.25}$$

$$a_0 = \frac{\tau}{T} \tag{8.26}$$

$$a_n = \frac{4}{n\omega_0 T} \sin \frac{n\omega_0 \tau}{2} = \frac{2\tau}{T} \frac{\sin(\omega\tau/2)}{\omega\tau/2} \tag{8.27}$$

$\omega = n\omega_0,\ \omega_0 = 2\pi/T$ として変形した.
分母と分子に τ を付加した.

$$b_n = 0 \tag{8.28}$$

ここで,(8.27)の a_n を角周波数 ω に対してグラフにしてスペクトルを見ることにする.その際に,T を順に大きくしていってスペクトルの変化を観察することにするが,(8.27)の分母に T があるので,T を大きくするとスペクトルの値が小さくなってしまう.

そこで,スペクトルの大きさを規格化するために,(8.27)の両辺に $T/2\tau$ を乗じた次の形で考えることにする.

$$\frac{T}{2\tau} a_n = \frac{\sin(\omega\tau/2)}{\omega\tau/2} \tag{8.29}$$

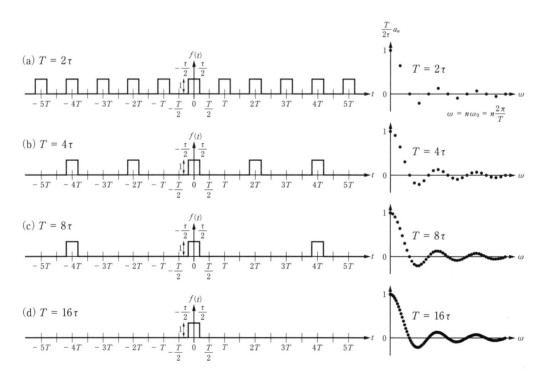

図 8.8 $T = 2\tau,\ 4\tau,\ 8\tau,\ 16\tau$ としたときの時間波形とスペクトルの変化

この状態で，周期を $T = 2\tau, 4\tau, 8\tau, 16\tau$ と変化させたときの，時間軸での波形および角周波数軸でのスペクトルを表示したのが図 8.8 である．T の増加に伴って，時間軸では隣同士のパルス波形の間隔が広がっていくが，スペクトルは連続な曲線に近づいていくことがわかる．これは，とびとびの角周波数の間隔 $\omega_0 = 2\pi/T$ が T の増加に伴って小さくなるためである．T をさらに大きくして $T \to \infty$ とすると，隣同士のパルス間隔は ∞ となり，原点付近にある 1 つのパルスのみとなる．このとき，関数 $f(t)$ は周期関数ではなくなるとともに，スペクトルは連続な曲線になることが予想される．

　以上の考察に基づいて，次節では，周期性をもたない関数のスペクトルを求めるためのフーリエ変換を導くことにする．

NOTE 8.8　sinc 関数

　(8.29) の右辺において，$\omega\tau/2$ を x とおけば，x の関数 $f(x) = \sin x/x$ となり，これを sinc 関数とよんでいる．sinc 関数は，通信理論や量子力学などさまざまな分野で応用されている関数である．$\lim_{x \to 0}(\sin x/x) = 1$ であるから $f(0) = 1$ となり，sinc 関数のグラフは図 8.9 のようになる．図に示すように，x が π の整数倍になるとき $f(x) = 0$ になる．

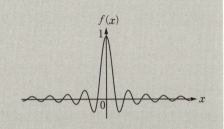

図 8.9　sinc 関数の波形

8.5　フーリエ変換

　フーリエ級数展開では，周期 T をもつ関数 $f(t)$ を整数倍の角周波数をもつ $a_n \cos n\omega_0 t$ と $b_n \sin n\omega_0 t$ の和として表現した．本節では，図 8.10 に示すような周期性をもたない一般の関数について，その周波数成分を求める方法について記す．

図 8.10　関数 $f(t)$ の波形

　図 8.10 に示した $f(t)$ は周期性をもたないので，そのままではフーリエ級数展開を使うことができない．そこで，次頁の図 8.11 (a) に示すように，$f(t)$ の波形が $-T/2 \sim T/2$ の範囲におさまるような十分大きな T を考える．これを t 軸上に繰り返し配置して，図 8.11 (b) のように強制的に周期 T をもつ関数にする．周期関数となったので，次のようにフーリエ級数展開を適用することができる．

$$f(t) = a_0 + \sum_{n=1}^{\infty} a_n \cos n\omega_0 t + \sum_{n=1}^{\infty} b_n \sin n\omega_0 t \tag{8.30}$$

$$a_0 = \frac{1}{T}\int_{-T/2}^{T/2} f(t)\, dt \tag{8.31}$$

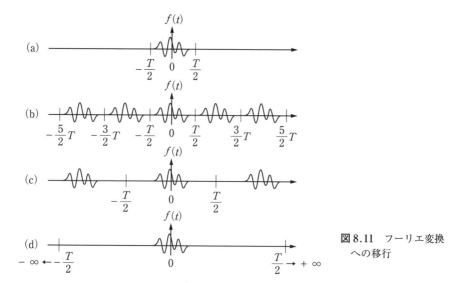

図 8.11　フーリエ変換
への移行

$$a_n = \frac{2}{T} \int_{-T/2}^{T/2} f(t) \cdot \cos n\omega_0 t\, dt \qquad (n = 1, 2, 3, \cdots) \tag{8.32}$$

$$b_n = \frac{2}{T} \int_{-T/2}^{T/2} f(t) \cdot \sin n\omega_0 t\, dt \qquad (n = 1, 2, 3, \cdots) \tag{8.33}$$

　ここで，T を大きくすると図 8.11（c）に示すように隣との間隔が広がっていく．さらに $T \to \infty$ とすると関数の波形は，もはや周期関数ではなく，図 8.11（a）に示した周期性をもたない元の関数と同じと考えることができる．ところが，(8.31)～(8.33) を見ると，T が分母にあることから，このまま $T \to \infty$ とすると値が 0 になってしまう．そこで，両辺に T もしくは $T/2$ を掛けて，積分の部分だけを改めて以下のように $A(0)$, $A(\omega)$, $B(\omega)$ と定義する．これは，前節の (8.29) で示したことと同じ操作である．なお，「≡」は「定義する」という意味である．また，とびとびの角周波数 $n\omega_0$ を ω と書き直すことにする．これは，$\omega_0 = 2\pi/T$ なので T を大きくすると $n\omega_0$ の間隔が小さくなり，$T \to \infty$ のとき角周波数は連続になることによる．

$$A(0) \equiv a_0 T = \int_{-T/2}^{T/2} f(t)\, dt \tag{8.34}$$

$$A(\omega) \equiv \frac{T}{2} a_n = \int_{-T/2}^{T/2} f(t) \cdot \cos \omega t\, dt \tag{8.35}$$

$$B(\omega) \equiv \frac{T}{2} b_n = \int_{-T/2}^{T/2} f(t) \cdot \sin \omega t\, dt \tag{8.36}$$

　これらを使うと，$a_0 = A(0)/T$, $a_n = 2A(\omega)/T$, $b_n = 2B(\omega)/T$ であるから，(8.30) は次のように変形できる．

$$f(t) = a_0 + \sum_{n=1}^{\infty} a_n \cos \omega t + \sum_{n=1}^{\infty} b_n \sin \omega t = \frac{A(0)}{T} + \sum_{n=1}^{\infty} \frac{2A(\omega)}{T} \cos \omega t + \sum_{n=1}^{\infty} \frac{2B(\omega)}{T} \sin \omega t$$

$$= \frac{1}{\pi} \left\{ \frac{\pi A(0)}{T} + \sum_{n=1}^{\infty} A(\omega) \cos \omega t \cdot \frac{2\pi}{T} + \sum_{n=1}^{\infty} B(\omega) \sin \omega t \cdot \frac{2\pi}{T} \right\}$$

$T \to \infty$ で $\pi A(0)/T \to 0$.

π を掛けるのと同時に { } の外に $1/\pi$ を掛けた.

(8.37)

{ } 内の第1項は，$T \to \infty$ によって0に収束する項である．第2項と第3項は，図8.12に示すように，ω の関数 $A(\omega)\cos\omega t$ および $B(\omega)\sin\omega t$ を表す曲線と横軸との間にできる幅 $2\pi/T$ の長方形における面積の和を表している．$T \to \infty$ の極限をとることによって，$\sum \to \int$，$2\pi/T \to d\omega$ となり，次のように積分に移行することができる．

$$f(t) = \frac{1}{\pi} \left\{ \int_0^{\infty} A(\omega) \cos \omega t\, d\omega + \int_0^{\infty} B(\omega) \sin \omega t\, d\omega \right\} \tag{8.38}$$

$$A(\omega) = \int_{-\infty}^{\infty} f(t) \cdot \cos \omega t\, dt \tag{8.39}$$

$$B(\omega) = \int_{-\infty}^{\infty} f(t) \cdot \sin \omega t\, dt \tag{8.40}$$

このように，時間 t の関数 $f(t)$ を角周波数 ω の関数 $A(\omega)$ と $B(\omega)$ の積分として表すことができ，これを**フーリエ積分**という．また，$f(t)$ から $A(\omega)$ および $B(\omega)$ へ移行することを**フーリエ変換**という．

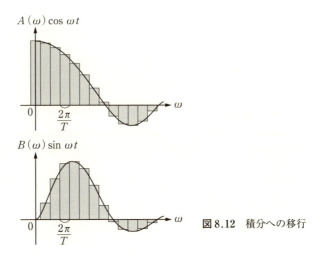

図8.12 積分への移行

例題 8.2

図 8.13 に示した矩形パルスをフーリエ変換しなさい.

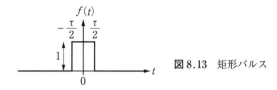

図 8.13 矩形パルス

解　(8.39) と (8.40) を用いて, $A(\omega)$ と $B(\omega)$ を次のように計算する.

$$A(\omega) = \int_{-\infty}^{\infty} f(t) \cdot \cos \omega t \, dt$$

$$= \int_{-\infty}^{-\tau/2} 0 \cdot \cos \omega t \, dt + \int_{-\tau/2}^{\tau/2} 1 \cdot \cos \omega t \, dt + \int_{\tau/2}^{\infty} 0 \cdot \cos \omega t \, dt$$

$$= \left[\frac{\sin \omega t}{\omega} \right]_{-\tau/2}^{\tau/2} = \frac{1}{\omega} \left(\sin \frac{\omega\tau}{2} - \sin \frac{-\omega\tau}{2} \right) = \frac{2}{\omega} \sin \frac{\omega\tau}{2} = \tau \cdot \frac{\sin (\omega\tau/2)}{\omega\tau/2}$$

$$B(\omega) = \int_{-\infty}^{\infty} f(t) \cdot \sin \omega t \, dt$$

$$= \int_{-\infty}^{-\tau/2} 0 \cdot \sin \omega t \, dt + \int_{-\tau/2}^{\tau/2} 1 \cdot \sin \omega t \, dt + \int_{\tau/2}^{\infty} 0 \cdot \sin \omega t \, dt$$

$$= \left[\frac{-\cos \omega t}{\omega} \right]_{-\tau/2}^{\tau/2} = \frac{-1}{\omega} \left(\cos \frac{\omega\tau}{2} - \cos \frac{-\omega\tau}{2} \right) = \frac{-1}{\omega} \left(\cos \frac{\omega\tau}{2} - \cos \frac{\omega\tau}{2} \right) = 0$$

したがって, 矩形パルスのスペクトルは図 8.14 のように sinc 関数になる. なお, スペクトルは $\omega = 2n\pi/\tau$ (n は 0 以外の整数) で $A(\omega) = 0$ となる.

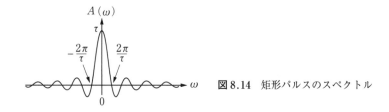

図 8.14 矩形パルスのスペクトル

◆

8.6　複素フーリエ変換

前節では, 実数の関数によるフーリエ変換について記した. 本節では, 複素関数を用いたフーリエ変換について記す.

ここでは形式的ではあるが, 次の関数

$$F(\omega) = \int_{-\infty}^{\infty} f(t) \cdot e^{-i\omega t} \, dt, \quad i = \sqrt{-1} \tag{8.41}$$

に (8.38)〜(8.40) を適用して以下のように変形していく. オイラーの公式 $e^{i\omega t} = \cos \omega t + i \sin \omega t$ および $e^{-i\omega t} = \cos \omega t - i \sin \omega t$ を代入すると, $F(\omega)$ は $A(\omega)$ および $B(\omega)$

を用いて次のように書くことができる.

$$F(\omega) = \int_{-\infty}^{\infty} f(t) \cdot e^{-i\omega t} dt = \int_{-\infty}^{\infty} f(t) \cdot (\cos \omega t - i \sin \omega t) dt$$

$$= \int_{-\infty}^{\infty} f(t) \cdot \cos \omega t \, dt - i \int_{-\infty}^{\infty} f(t) \cdot \sin \omega t \, dt = A(\omega) - i B(\omega) \tag{8.42}$$

同様に, ω の符号を $-\omega$ に変えた $F(-\omega)$ についても次のように変形できる.

$$F(-\omega) = \int_{-\infty}^{\infty} f(t) \cdot e^{i\omega t} dt = \int_{-\infty}^{\infty} f(t) \cdot (\cos \omega t + i \sin \omega t) dt$$

$$= \int_{-\infty}^{\infty} f(t) \cdot \cos \omega t \, dt + i \int_{-\infty}^{\infty} f(t) \cdot \sin \omega t \, dt = A(\omega) + i B(\omega) \tag{8.43}$$

(8.42) と (8.43) の和および差をとることによって, $A(\omega)$ と $B(\omega)$ は次のように表すことができる.

$$A(\omega) = \frac{1}{2} \{ F(\omega) + F(-\omega) \} \tag{8.44}$$

$$B(\omega) = \frac{i}{2} \{ F(\omega) - F(-\omega) \} \tag{8.45}$$

これを (8.38) に代入すると, $f(t)$ は $F(\omega)$ を用いて次のように表すことができる.

$$f(t) = \frac{1}{\pi} \left\{ \int_{0}^{\infty} A(\omega) \cos \omega t \, d\omega + \int_{0}^{\infty} B(\omega) \sin \omega t \, d\omega \right\}$$

$$= \frac{1}{\pi} \left\{ \int_{0}^{\infty} \frac{F(\omega) + F(-\omega)}{2} \cos \omega t \, d\omega + i \int_{0}^{\infty} \frac{F(\omega) - F(-\omega)}{2} \sin \omega t \, d\omega \right\}$$

積分の中身を組みかえる.

$$= \frac{1}{2\pi} \left\{ \int_{0}^{\infty} F(\omega)(\cos \omega t + i \sin \omega t) \, d\omega \right\} + \frac{1}{2\pi} \left\{ \int_{0}^{\infty} F(-\omega)(\cos \omega t - i \sin \omega t) \, d\omega \right\}$$

$$= \frac{1}{2\pi} \int_{0}^{\infty} F(\omega) e^{i\omega t} \, d\omega + \frac{1}{2\pi} \int_{0}^{\infty} F(-\omega) e^{-i\omega t} \, d\omega$$

$$= \frac{1}{2\pi} \int_{0}^{\infty} F(\omega) e^{i\omega t} \, d\omega + \frac{1}{2\pi} \int_{-\infty}^{0} F(\omega) e^{i\omega t} \, d\omega$$

$-\omega$ を $+\omega$ に変数変換する. 積分範囲は $-\infty$ から 0 になる.

$$= \frac{1}{2\pi} \int_{-\infty}^{\infty} F(\omega) e^{i\omega t} \, d\omega \tag{8.46}$$

以上をまとめると次のようになり, 図8.15 に示すように互いに**フーリエ変換**と**フーリエ逆変換**の関係になる.

$$F(\omega) = \int_{-\infty}^{\infty} f(t) \cdot e^{-i\omega t} dt \quad \text{(フーリエ変換)} \tag{8.47}$$

$$f(t) = \frac{1}{2\pi} \int_{-\infty}^{\infty} F(\omega) e^{i\omega t} d\omega \quad \text{(フーリエ逆変換)} \tag{8.48}$$

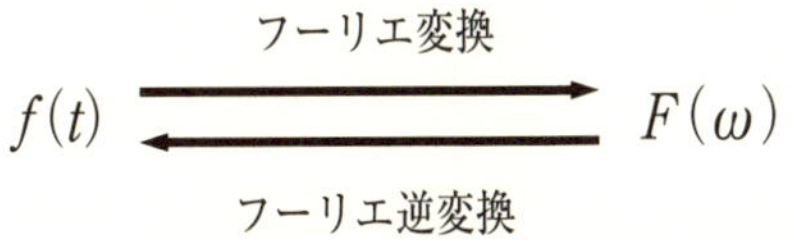

$$f(t) \xrightarrow[\text{フーリエ逆変換}]{\text{フーリエ変換}} F(\omega)$$

図8.15 フーリエ変換とフーリエ逆変換

これらは，フーリエ変換によって，時間軸での波形 $f(t)$ からスペクトルを表す関数 $f(\omega)$ が求まり，フーリエ逆変換によって，$F(\omega)$ から $f(t)$ を再生あるいは合成できることを示している．

8.7　フーリエ解析の例

　最後に，理工学の分野で実際に行われているフーリエ解析の例を示すことにする．前節まで，フーリエ級数展開およびフーリエ変換の基本的な原理を見てきたが，実際のスペクトル測定では，人が数式を使ってフーリエ解析することはまれで，コンピュータを用いたフーリエ変換が行われている．その際，時間軸上での膨大な波形データを高速にフーリエ変換するためのアルゴリズムとして，FFT（Fast Fourier Transform）が用いられている．

　図 8.16 は，電子ピアノで「ハ長調のラの音（440 Hz）」を鳴らしたときの音を録音し，コンピュータに取り込んだ時間軸での波形（0.01 秒間表示）と，そのデータを用いて FFT を行ってスペクトルを求めたグラフである．スペクトルのグラフは横軸，縦軸ともに底を 10 とする常用対数（log）スケールで表示している．そのため，縦軸の値が 10 変化すると真数では 10 倍もしくは 1/10 となる．時間軸波形で示したように，基本周期は $T = 2.27 \times 10^{-3}$ s であるから，その周波数は $f = 1/T = 440\,\text{Hz}$ である．時間軸波形は正弦波に近いが，詳細に見ると上下非対称でひずみがあるので基本波成分に高調波が加わっていることがわかる．そこで，スペクトルを見ると 440 Hz に基本波を表すピークがあり，基本波の整数倍の周波数に高調波成分のピークが多数発生している．高調波は，およそ 7000 Hz まで成分があるが，その強度は基本波に比べて真数で 1/10 以下と小さいことがわかる．そのため基本波が主要な成分であるから，時間軸波形は 440 Hz の正弦波に近い波形となっている．

　図 8.17 は，人（男性）の声を録音した波形とそのスペクトルである．この例は「あー」と発声したサンプルで，図には 0.05 s 間の波形を表示してある．電子ピアノに比べて複雑な波形であるが，同じパターンの繰り返しになっていることがわかる．スペクトルを見ると基本波

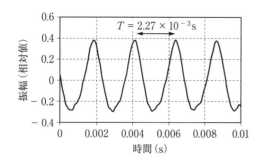
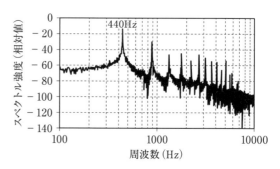

図 8.16　電子ピアノ（ハ長調のラ，440 Hz）の時間波形とスペクトル

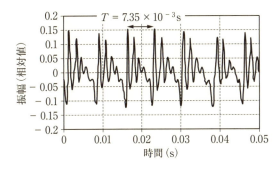

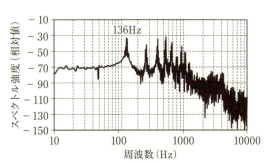

図 8.17 人の声（あー）の時間波形とスペクトル

の周波数は 136 Hz で，高調波は 1200 Hz 程度まで存在している．電子ピアノに比べて，高調波の強度が基本波の強度と同程度であることがわかる．そのため，高調波による振動が時間波形に現れており，複雑な波形となっている．

　以上のように，振動現象をフーリエ解析することによって，時間軸波形からは読み取りにくい振動の特徴を抽出することが可能となる．そのため，フーリエ解析は科学技術のさまざまな分野で応用されている．

章　末　問　題

【8.1】　以下の図に示す波形について，フーリエ級数に展開しなさい．

（1）

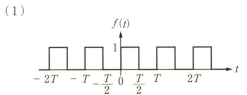

図 8.18　矩形波

（2）

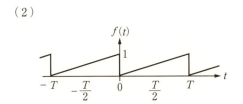

図 8.19　のこぎり波（周期 T）

（3）

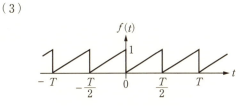

図 8.20　のこぎり波（周期 $T/2$）

【8.2】　図のようなパルス幅 τ の関数について，$A(\omega)$，$B(\omega)$ および $F(\omega)$ を求めなさい．

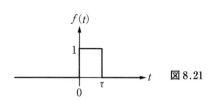

図 8.21

【8.3】　以下の図に示す非周期関数について，$F(\omega)$ を求めなさい．

（1）

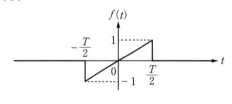

図 8.22

（2）

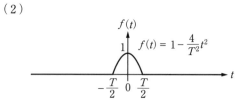

図 8.23

公 式 集

（１）　合成関数の微分法（関数の関数の微分法）

$$y = y(x),\ x = x(t)\ \ \text{すなわち}\ \ y = y(x(t))\ \text{のとき}\ \ \frac{dy}{dt} = \frac{dy}{dx}\cdot\frac{dx}{dt} \tag{1}$$

（２）　関数の積に関する微分法

$$\{f(t)\cdot g(t)\}' = f'(t)\cdot g(t) + f(t)\cdot g'(t) \tag{2}$$

（３）　置換積分

$$y = \int f(x)\,dx = \int f(x(t))\,\frac{dx}{dt}\,dt \tag{3}$$

（４）　オイラーの公式

$$e^{i\theta} = \cos\theta + i\sin\theta \tag{4}$$

$$e^{-i\theta} = \cos\theta - i\sin\theta \tag{5}$$

（５）　関数 $f(x, y)$ の全微分

$$df = \frac{\partial f}{\partial x}\cdot dx + \frac{\partial f}{\partial y}\cdot dy \tag{6}$$

（６）　弧度法

　図（a）に示すように，半径 r の円において，円周の長さ $2\pi r$ に対する中心角の大きさを $2\pi\,[\text{rad}]$ とする．rad はラジアンと読む．これを用いると，中心角 $\theta\,[\text{rad}]$ に対する円弧の長さは，図（b）に示すように $r\theta$ である．これより，θ は半径と円弧の長さの比率であるから，本来は無次元量である．したがって，通常は単位をつけないが，本書では角度としての意味合いをわかりやすくするために $[\text{rad}]$ と明記する．

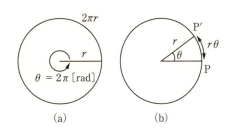

図　弧度法（ラジアン）

表　主な角度のラジアン表示

度	360°	180°	90°	60°	45°	30°
rad	2π	π	$\pi/2$	$\pi/3$	$\pi/4$	$\pi/6$

（７）　三角関数の基本公式

　平方関係

$$\sin^2\theta + \cos^2\theta = 1 \tag{7}$$

　補角，余角などの三角関数

$$-\theta \text{ と } \theta:\quad \sin(-\theta) = -\sin\theta \qquad \cos(-\theta) = \cos\theta \tag{8}$$

$$\pi - \theta \ \text{と} \ \theta: \quad \sin (\pi - \theta) = \sin \theta \qquad \cos (\pi - \theta) = - \cos \theta \tag{9}$$

$$\frac{\pi}{2} - \theta \ \text{と} \ \theta: \quad \sin \left(\frac{\pi}{2} - \theta \right) = \cos \theta \qquad \cos \left(\frac{\pi}{2} - \theta \right) = \sin \theta \tag{10}$$

三角関数の加法定理

$$\cos (x \pm y) = \cos x \cos y \mp \sin x \sin y \tag{11}$$

$$\sin (x \pm y) = \sin x \cos y \pm \cos x \sin y \tag{12}$$

積を和・差になおす式

$$\sin x \cos y = \frac{1}{2} \{ \sin (x + y) + \sin (x - y) \} \tag{13}$$

$$\cos x \sin y = \frac{1}{2} \{ \sin (x + y) - \sin (x - y) \} \tag{14}$$

$$\cos x \cos y = \frac{1}{2} \{ \cos (x + y) + \cos (x - y) \} \tag{15}$$

$$\sin x \sin y = - \frac{1}{2} \{ \cos (x + y) - \cos (x - y) \} \tag{16}$$

和・差を積になおす公式

$$\sin A + \sin B = 2 \sin \frac{A + B}{2} \cos \frac{A - B}{2} \tag{17}$$

$$\sin A - \sin B = 2 \cos \frac{A + B}{2} \sin \frac{A - B}{2} \tag{18}$$

$$\cos A + \cos B = 2 \cos \frac{A + B}{2} \cos \frac{A - B}{2} \tag{19}$$

$$\cos A - \cos B = - 2 \sin \frac{A + B}{2} \sin \frac{A - B}{2} \tag{20}$$

倍角の公式

$$\sin 2A = 2 \sin A \cos A \tag{21}$$

$$\cos 2A = \cos^2 A - \sin^2 A = 1 - 2 \sin^2 A = 2 \cos^2 A - 1 \tag{22}$$

半角の公式

$$\theta \ \rightarrow \ 2\varphi$$

$$\sin^2 \frac{\theta}{2} = \frac{1 - \cos \theta}{2} \ \rightarrow \ \sin^2 \varphi = \frac{1 - \cos 2\varphi}{2} \tag{23}$$

$$\cos^2 \frac{\theta}{2} = \frac{1 + \cos \theta}{2} \ \rightarrow \ \cos^2 \varphi = \frac{1 + \cos 2\varphi}{2} \tag{24}$$

三角関数の合成

$$A \cos x + B \sin x = \sqrt{A^2 + B^2} \cos (x - \theta) \qquad \tan \theta = \frac{B}{A} \tag{25}$$

$$A \cos x + B \sin x = \sqrt{A^2 + B^2} \sin (x + \theta) \qquad \tan \theta = \frac{A}{B} \tag{26}$$

三角関数の微分，積分

$$(\sin\theta)' = \cos\theta, \qquad (\cos\theta)' = -\sin\theta \tag{27}$$

$$\int \cos\theta\, d\theta = \sin\theta + C, \qquad \int \sin\theta\, d\theta = -\cos\theta + C \tag{28}$$

（8）　マクローリン展開

$$f(t) = f(0) + \frac{f'(0)}{1!}t + \frac{f''(0)}{2!}t^2 + \frac{f'''(0)}{3!}t^3 + \frac{f''''(0)}{4!}t^4 + \cdots + \frac{f^{(n)}(0)}{n!}t^n + \cdots \tag{29}$$

$$e^t = 1 + \frac{1}{1!}t + \frac{1}{2!}t^2 + \frac{1}{3!}t^3 + \frac{1}{4!}t^4 + \frac{1}{5!}t^5 + \frac{1}{6!}t^6 + \cdots \tag{30}$$

$$\sin t = \frac{1}{1!}t - \frac{1}{3!}t^3 + \frac{1}{5!}t^5 - \frac{1}{7!}t^7 + \frac{1}{9!}t^9 - \cdots \tag{31}$$

$$\cos t = 1 - \frac{1}{2!}t^2 + \frac{1}{4!}t^4 - \frac{1}{6!}t^6 + \frac{1}{8!}t^8 - \cdots \tag{32}$$

（9）　基本ベクトル

$$\boldsymbol{i} = (1,\,0,\,0), \qquad \boldsymbol{j} = (0,\,1,\,0), \qquad \boldsymbol{k} = (0,\,0,\,1) \tag{33}$$

$$\boldsymbol{A} = (A_x,\,A_y,\,A_z) = A_x\boldsymbol{i} + A_y\boldsymbol{j} + A_z\boldsymbol{k} \tag{34}$$

（10）　ベクトルの内積

$$\boldsymbol{A}\cdot\boldsymbol{B} = AB\cos\theta \quad \text{（2つのベクトルの大きさと角度がわかっているとき）} \tag{35}$$

$$\boldsymbol{A}\cdot\boldsymbol{B} = A_xB_x + A_yB_y + A_zB_z \quad \text{（2つのベクトルの成分がわかっているとき）} \tag{36}$$

（11）　ベクトルの外積

$$\boldsymbol{A}\times\boldsymbol{B} = (A_yB_z - A_zB_y)\boldsymbol{i} + (A_zB_x - A_xB_z)\boldsymbol{j} + (A_xB_y - A_yB_x)\boldsymbol{k} \tag{37}$$

（12）　行列の積（2 行 2 列）

$$\begin{pmatrix} a & b \\ c & d \end{pmatrix}\begin{pmatrix} e & f \\ g & h \end{pmatrix} = \begin{pmatrix} ae + bg & af + bh \\ ce + dg & cf + dh \end{pmatrix} \tag{38}$$

（13）　2 行 2 列行列の逆行列

$$\begin{pmatrix} a & b \\ c & d \end{pmatrix}^{-1} = \frac{1}{ad - bc}\begin{pmatrix} d & -b \\ -c & a \end{pmatrix}, \quad ad - bc \neq 0 \tag{39}$$

（14）　周期関数 $f(t)$ の時間平均

$$\overline{f} = \frac{1}{T}\int_0^T f(t)\, dt \quad \text{（T は周期）} \tag{40}$$

（15）　次元解析

　物理量 A は，質量 (M)，長さ (L)，時間 (T)，温度 (Θ)，電流 (I) を組み合わせた $M^a L^b T^c \Theta^d I^e$ の次元をもっている．

　（例）　① 　速度の単位は $[\mathrm{m/s}]$ であるから，速度の次元は $M^0 L^1 T^{-1} \Theta^0 I^0 = L^1 T^{-1}$ である．

　　　　　② 　加速度の単位は $[\mathrm{m/s^2}]$ であるから，加速度の次元は $L^1 T^{-2}$ である．

③ 密度の単位は [kg/m³] であるから, 密度の次元は $M^1L^{-3}T^0\varTheta^0I^0 = ML^{-3}$ である.

④ 力の単位は [N] (ニュートン) である. 運動方程式 $ma = F$ より力は質量と加速度の積の次元をもつ. したがって [N] = [kg][m/s²] であるから, 力の次元は $M^1L^1T^{-2}\varTheta^0I^0 = MLT^{-2}$ である.

(16) 単位とその読み方

長さ：[m] メートル　　　　　　　質量：[kg] キログラム

時間：[s] 秒　s は second の頭文字

角度：[rad] ラジアン

SI (国際単位系) では, [rad] (ラジアン) は無次元量であるが, 本書では角度であることをわかりやすくするために 2π [rad/s] のように [rad] を記述することにする.

周波数, 振動数：[Hz] ヘルツ

力：[N] ニュートン　　　　　　　圧力：[Pa] パスカル

エネルギー：[J] ジュール　　　　電圧, 電位：[V] ボルト

電流：[A] アンペア　　　　　　　電荷：[C] クーロン

電気容量：[F] ファラッド　　　　インダクタンス：[H] ヘンリー

電気抵抗：[Ω] オーム

章末問題解答

第 1 章

【1.1】 （1） $x = 2\sin(2t + 1)$ は解である． （2） $x = 2e^{2t+1}$ は解ではない． （3） $x = e^{i(2t+1)}$ は解である．

【1.2】 a と φ を任意の実数として次のようになる．

（1） $x = a\sin(t + \varphi)$ （2） $x = a\sin(\sqrt{3}t + \varphi)$ （3） $x = a\sin(\sqrt{3/2}\,t + \varphi)$

【1.3】 $x = e^{-3\pi t}\sin 4\pi t$ は与式の解である．

【1.4】 a と φ を任意の実数として次のようになる．

（1） $x = ae^{-t}\sin(2t + \varphi)$ （2） $x = ae^{-3t}\sin(t + \varphi)$ （3） $x = ae^{-t}\sin(t + \varphi)$

【1.5】 c_1 と c_2 を任意の実数として次のようになる．

（1） $x = c_1 e^{-t} + c_2 e^{-2t}$ （2） $x = c_1 e^{-t} + c_2 e^{-4t}$ （3） $x = c_1 e^{(-2+\sqrt{3})t} + c_2 e^{(-2-\sqrt{3})t}$

【1.6】 c_1 と c_2 を任意の実数として次のようになる．

（1） $x = e^{-t}(c_1 + c_2 t)$ （2） $x = e^{-3t}(c_1 + c_2 t)$

【1.7】 a と φ を任意の実数として次のようになる．

（1） $x = a\sin(2t + \varphi) + \dfrac{1}{3}\sin t$ （2） $x = a\sin(\sqrt{3}t + \varphi) - 2\cos 2t$

【1.8】 （1） $a = 2$, $\theta = \pi/6$ （2） $a = 3$, $\theta = (2/3)\pi$

【1.9】 $a = 1$, $\varphi = 0$

第 2 章

【2.1】 （1） $f = 10\,\mathrm{Hz}$ （2） $T = 1/f = 1/10 = 0.1\,\mathrm{s}$

【2.2】 （1） $\omega_0 = 2\pi\,[\mathrm{rad/s}]$ （2） $T_0 = 2\pi/\omega_0 = 2\pi/2\pi = 1\,\mathrm{s}$ （3） $f_0 = 1/T_0 = 1/1 = 1\,\mathrm{Hz}$

（4） $\varphi = \pi/2\,[\mathrm{rad}]$ （5） $a = 2\,\mathrm{m}$

（6） 点 P は，半径 $2\,\mathrm{m}$ の円周上を，初期位相 $\varphi = \pi/2\,[\mathrm{rad}]$ に対応する点 P_0 を始点として，反時計回りに角速度 $\omega_0 = 2\pi\,[\mathrm{rad/s}]$ で回転する．このとき，図 A.1 のように時間 t に対して PP' を投影してできる曲線が $x = 2\sin\{2\pi t + (\pi/2)\}\,[\mathrm{m}]$ である．グラフより与式は，$x = 2\cos 2\pi t\,[\mathrm{m}]$ に等しいことがわかる．

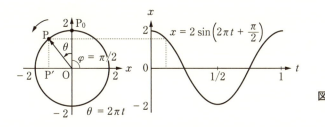

図 A.1

【2.3】 （1） $x_1 = \cos\sqrt{3}\,t$ を①の左辺に代入すると $-6\cos\sqrt{3}\,t$，右辺に代入すると $-6\cos\sqrt{3}\,t$ となり，左辺 ＝ 右辺 が成り立つので，$x_1 = \cos\sqrt{3}\,t$ は①の解である．同様に，$x_2 = \sin\sqrt{3}\,t$ も①の解である．

（2） $x_3 = 2\cos(\sqrt{3}\,t + \pi)$ を①の左辺に代入すると $-12\cos(\sqrt{3}\,t + \pi)$，右辺に代入すると $-12\cos(\sqrt{3}\,t + \pi)$ となり，左辺 ＝ 右辺 が成り立つので，$x_3 = 2\cos(\sqrt{3}\,t + \pi)$ は①の解である．

【2.4】 （1） $T_0 = 2\pi/\omega_0 = 2\pi/3\pi = 2/3\,\mathrm{s}$，$f_0 = 1/T = 3/2\,\mathrm{Hz}$ となる．　（2） $a = 4\,\mathrm{m}$，$\varphi = \pi\,[\mathrm{rad}]$ （3） $x_{t=0.25} = 2\sqrt{2}\,\mathrm{m}$ （4） $v = -12\pi\sin(3\pi t + \pi)\,[\mathrm{m/s}]$，$\alpha = -36\pi^2\cos(3\pi t + \pi)\,[\mathrm{m/s^2}]$ （5） $|v|$ の最大値 $12\pi\,[\mathrm{m/s}]$，$|\alpha|$ の最大値 $36\pi^2\,[\mathrm{m/s^2}]$

【2.5】 $a = 2/\pi$，$\varphi = 0$

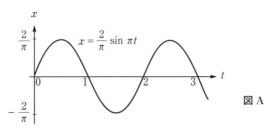

図 A.2

【2.6】 （1） $\omega_0 = \pi\,[\mathrm{rad/s}]$，$k = 1/2\,\mathrm{N/m}$ （2） $E_\mathrm{K} = \cos^2\pi t\,[\mathrm{J}]$ （3） $E_\mathrm{P} = \sin^2\pi t\,[\mathrm{J}]$ （4） $E = 1\,\mathrm{J}$

【2.7】 （1） $\omega_0 = 8\pi\,[\mathrm{rad/s}]$ （2） $k = 12.8\,\pi^2\,[\mathrm{N/m}]$ （3） $a = 5/(4\pi)\,[\mathrm{m}]$

【2.8】 $\overline{V^2} = V_0{}^2/2$，$V_\mathrm{rms} = 100\,\mathrm{V}$

第 3 章

【3.1】 $\Delta t = t_2 - t_1 = 2\pi/\sqrt{\omega_0{}^2 - \gamma^2}$ となり，単振動の周期 $T = 2\pi/\omega_0$ に比べて大きな値である．

【3.2】 （1） $\Delta L = L' - L = x - A\cos\omega t - L\,[\mathrm{m}]$

（2） $f = -k \cdot \Delta L = -k(x - A\cos\omega t - L)\,[\mathrm{N}]$

（3） 図 A.3 に，ばねが伸びたときと縮んだときの様子を例として示す．

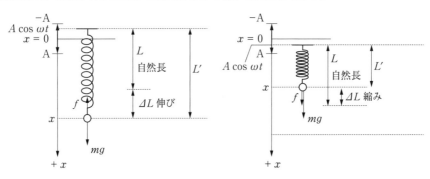

(a) ばねが伸びた瞬間　　　(b) ばねが縮んだ瞬間

図 A.3

（4）　$m\ddot{x} = mg - k(x - A\cos\omega t - L)$　　（5）　$\ddot{y} + \omega_0^2 y = \omega_0^2 A\cos\omega t$

（6）　同次方程式は $\ddot{y} + \omega_0^2 y = 0$. 同次方程式の一般解は，$a$ と φ を定数として $y_1 = a\sin(\omega_0 t + \varphi)$

（7）　$y_2 = B\cos\omega t$ とおいて B を求めると $B = \omega_0^2 A/(\omega_0^2 - \omega^2)$,

特解は $y_2 = \{\omega_0^2 A/(\omega_0^2 - \omega^2)\}\cos\omega t$.

（8）　$y = y_1 + y_2 = a\sin(\omega_0 t + \varphi) + \{\omega_0^2 A/(\omega_0^2 - \omega^2)\}\cos\omega t$

（9）　（8）の結果で，$\omega \to \omega_0$ とすると第 2 項が $\pm\infty$ となるので，y も $\pm\infty$ となる．この状態は共鳴状態である．$\omega \approx \omega_0$ の条件で，おもりが静止している状態からばねの上端をゆすり始めると，A が小さくても時間の経過とともに，おもりの振幅は大きくなっていく．なお，実際には，ばねの長さは有限であるから振幅が無限になることはない．

第 4 章

【4.1】 A_1, A_2, φ_1, φ_2 を定数として次のようになる．

（1）　$x_1 = A_1\sin(t + \varphi_1) + A_2\sin(\sqrt{3}\,t + \varphi_2)$, $x_2 = A_1\sin(t + \varphi_1) - A_2\sin(\sqrt{3}\,t + \varphi_2)$

（2）　$x_1 = A_1\sin(\sqrt{2}\,t + \varphi_1) + A_2\sin(2\sqrt{2}\,t + \varphi_2)$, $x_2 = A_1\sin(\sqrt{2}\,t + \varphi_1) - A_2\sin(2\sqrt{2}\,t + \varphi_2)$

【4.2】 質点に作用する力は，「（力の向きを表す符号）（ばね定数）（伸びまたは縮み）」の順に表す．力の向きは符号によって表すので，（伸びまたは縮み）は，絶対値をとって正の値として表す．図の右方向を $+u$ 方向とする．

（1）

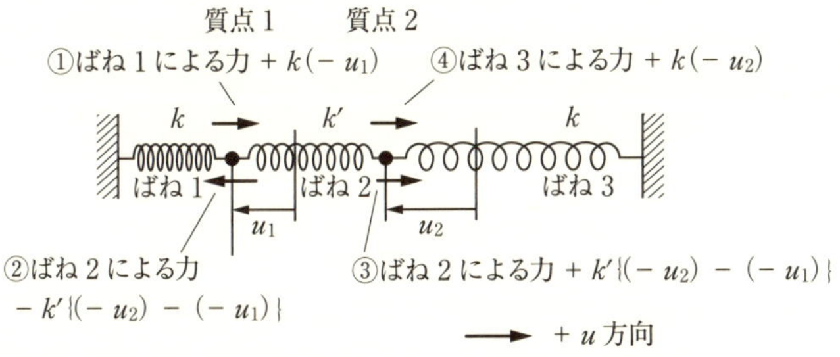

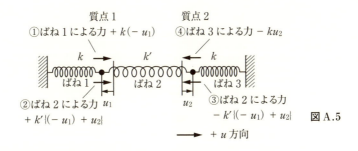

図 A.4

運動方程式

$$\begin{cases} m\ddot{u}_1 = -ku_1 - k'(u_1 - u_2) \\ m\ddot{u}_2 = +k'(u_1 - u_2) - ku_2 \end{cases}$$

（2）

図 A.5

運動方程式

$$\begin{cases} m\ddot{u}_1 = -ku_1 - k'(u_1 - u_2) \\ m\ddot{u}_2 = +k'(u_1 - u_2) - ku_2 \end{cases}$$

【4.3】（1）2重振り子には，次のような2通りの振動モードがある．

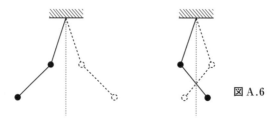

図 A.6

（2）3重振り子には，次のような3通りの振動モードがある．

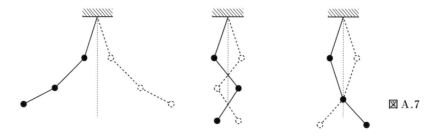

図 A.7

【4.4】（1）$\omega_1 = \sqrt{2k/m}$，$u_1 = A\cos\omega_1 t = A\cos\left(\sqrt{2k/m}\,t\right)$

この様子を図示すると図 A.8 のようになる．

図 A.8

（2）（ⅰ）$j = 1$ のとき

$$\omega_1 = 2\sqrt{\frac{k}{m}} \cdot \left|\sin\left(\frac{1}{2}\frac{1}{2+1}\pi\right)\right| = 2\sqrt{\frac{k}{m}} \cdot \left|\sin\frac{\pi}{6}\right| = 2\sqrt{\frac{k}{m}} \times \frac{1}{2} = \sqrt{\frac{k}{m}}$$

$$u_1 = A\sin\frac{\pi}{3} \cdot \cos\sqrt{\frac{k}{m}}\,t = \frac{\sqrt{3}A}{2}\cos\sqrt{\frac{k}{m}}\,t$$

$$u_2 = A\sin\frac{2\pi}{3} \cdot \cos\sqrt{\frac{k}{m}}\,t = \frac{\sqrt{3}A}{2}\cos\sqrt{\frac{k}{m}}\,t$$

この様子を図 A.9 に図示する．2つの質点は，同じ方向に図中に示した振幅比で振動する．

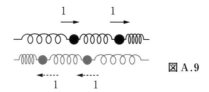

図 A.9

（ⅱ）$j = 2$ のとき

$$\omega_2 = 2\sqrt{\frac{k}{m}} \cdot \left| \sin\left(\frac{1}{2} \frac{2}{2+1}\pi \right) \right| = 2\sqrt{\frac{k}{m}} \cdot \left| \sin \frac{1}{3}\pi \right| = 2\sqrt{\frac{k}{m}} \times \frac{\sqrt{3}}{2} = \sqrt{\frac{3k}{m}}$$

$$u_1 = A \sin \frac{2\pi}{3} \cdot \cos \sqrt{\frac{3k}{m}}\, t = \frac{\sqrt{3}A}{2} \cos \sqrt{\frac{3k}{m}}\, t$$

$$u_2 = A \sin \frac{4\pi}{3} \cdot \cos \sqrt{\frac{3k}{m}}\, t = -\frac{\sqrt{3}A}{2} \cos \sqrt{\frac{3k}{m}}\, t$$

この様子を図示すると，図 A.10 のように 2 つの質点は互いに逆向きに図中に示した振幅比で振動する．$j = 1$ の場合よりも角振動数が大きいので，周期が短い振動となる．

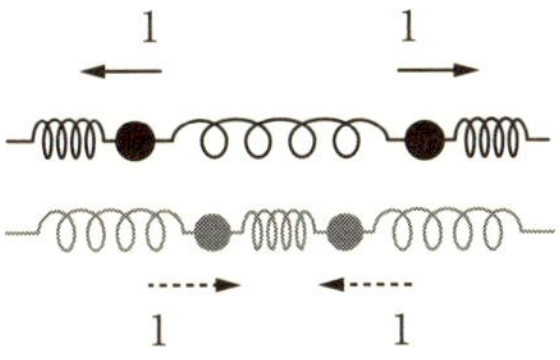

図 A.10

（3）（ⅰ）$j = 1$ のとき

$$\omega_1 = 2\sqrt{\frac{k}{m}} \cdot \sin \frac{\pi}{8} = \sqrt{\frac{(2-\sqrt{2})k}{m}}$$

$$u_1 = A \sin \frac{\pi}{4} \cdot \cos \left\{ \sqrt{\frac{(2-\sqrt{2})k}{m}}\, t \right\} = \frac{\sqrt{2}A}{2} \cos \left\{ \sqrt{\frac{(2-\sqrt{2})k}{m}}\, t \right\}$$

$$u_2 = A \sin \frac{2\pi}{4} \cdot \cos \left\{ \sqrt{\frac{(2-\sqrt{2})k}{m}}\, t \right\} = A \cos \left\{ \sqrt{\frac{(2-\sqrt{2})k}{m}}\, t \right\}$$

$$u_3 = A \sin \frac{3\pi}{4} \cdot \cos \left\{ \sqrt{\frac{(2-\sqrt{2})k}{m}}\, t \right\} = \frac{\sqrt{2}A}{2} \cos \left\{ \sqrt{\frac{(2-\sqrt{2})k}{m}}\, t \right\}$$

図 A.11 に示すように，3 つの質点は同じ向きに図中に示した振幅比で振動する．

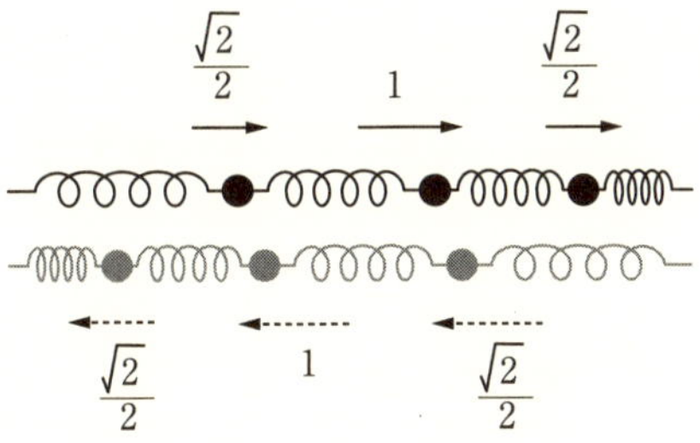

図 A.11

（ⅱ）$j = 2$ のとき

$$\omega_2 = 2\sqrt{\frac{k}{m}} \cdot \left| \sin\left(\frac{1}{2} \frac{2}{3+1}\pi \right) \right| = 2\sqrt{\frac{k}{m}} \cdot \left| \sin \frac{\pi}{4} \right| = 2\sqrt{\frac{k}{m}} \times \frac{\sqrt{2}}{2} = \sqrt{\frac{2k}{m}}$$

$$u_1 = A \sin \frac{\pi}{2} \cdot \cos \sqrt{\frac{2k}{m}}\, t = A \cos \sqrt{\frac{2k}{m}}\, t$$

$$u_2 = A \sin \frac{2\pi}{2} \cdot \cos \sqrt{\frac{2k}{m}}\, t = A \sin \pi \cdot \cos \sqrt{\frac{2k}{m}}\, t = 0$$

$$u_3 = A \sin \frac{3\pi}{2} \cdot \cos \sqrt{\frac{2k}{m}}\, t = -A \cos \sqrt{\frac{2k}{m}}\, t$$

　図 A.12 のように，真ん中の質点は静止し，両側の 2 つの質点は互いに逆向きに図中に示した振幅比で振動する．

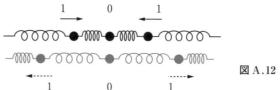

図 A.12

（iii） $j = 3$ のとき

$$\omega_3 = 2\sqrt{\frac{k}{m}} \cdot \sin \frac{3\pi}{8} = \sqrt{\frac{(2+\sqrt{2})k}{m}}$$

$$u_1 = A \sin \frac{3 \times 1 \times \pi}{4} \cdot \cos \left\{ \sqrt{\frac{(2+\sqrt{2})k}{m}}\, t \right\} = \frac{\sqrt{2}A}{2} \cos \left\{ \sqrt{\frac{(2+\sqrt{2})k}{m}}\, t \right\}$$

$$u_2 = A \sin \frac{3 \times 2 \times \pi}{4} \cdot \cos \left\{ \sqrt{\frac{(2+\sqrt{2})k}{m}}\, t \right\} = -A \cos \left\{ \sqrt{\frac{(2+\sqrt{2})k}{m}}\, t \right\}$$

$$u_3 = A \sin \frac{3 \times 3 \times \pi}{4} \cdot \cos \left\{ \sqrt{\frac{(2+\sqrt{2})k}{m}}\, t \right\} = \frac{\sqrt{2}A}{2} \cos \left\{ \sqrt{\frac{(2+\sqrt{2})k}{m}}\, t \right\}$$

　図 A.13 のように，両側の 2 つの質点は同じ向きに同じ振幅で振動するが，真ん中の質点はそれとは逆向きに振動する．振幅の比は図に示した通りである．

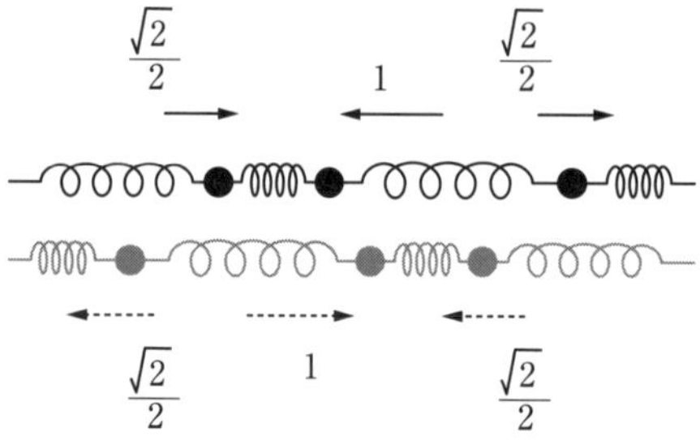

図 A.13

第 5 章

【5.1】（1） $\boldsymbol{A} \cdot \boldsymbol{B} = 10$, $\boldsymbol{A} \times \boldsymbol{B} = -4\boldsymbol{i} + 8\boldsymbol{j} - 4\boldsymbol{k}$

（2） $\nabla \cdot \boldsymbol{A} = yz + 6xy^2z^2 - 2x^3yz$, $\Delta \boldsymbol{A} = (12xyz^2 + 4xy^3)\boldsymbol{j} - (6xyz^2 + 2x^3y)\boldsymbol{k}$

$\nabla \times \boldsymbol{A} = -(x^3z^2 + 4xy^3z)\boldsymbol{i} + (xy + 3x^2yz^2)\boldsymbol{j} + (2y^3z^2 - xz)\boldsymbol{k}$

（3） $\Delta f(x,\, y,\, z) = 6y^3z + 18x^2yz$

【5.2】 $v = 1.99 \times 10^8\,\text{m/s}$

【5.3】　（1）　①$\lambda = 500\,\mathrm{m}$,　②$\lambda = 3.75\,\mathrm{m}$,　③$\lambda = 0.158\,\mathrm{m}$,　④$\lambda = 0.025\,\mathrm{m}$

（2）　①$f = 10\,\mathrm{MHz}$,　②$f = 150\,\mathrm{MHz}$,　③$f = 1\,\mathrm{GHz}$,　④$f = 500\,\mathrm{THz}$

【5.4】　（1）　$v = 3 \times 10^8\,\mathrm{m/s}$　　（2）　$f = 300\,\mathrm{MHz}$　　（3）　（1），（2）より，波の速度が真空における電磁波の速度 $c = 3 \times 10^8\,\mathrm{m/s}$ に等しいので，題意の波は電磁波のなかでも波長が $1\,\mathrm{m}$，周波数が $300\,\mathrm{MHz}$ の電波であると推測される．

第 6 章

【6.1】　（1）　$\lambda = 2\pi/b$　　（2）　$T = 2\pi/c$　　（3）　$\omega = c$, $f = c/2\pi$　　（4）　$v = c/b$

【6.2】　図 A.14 に示すように，点 A を下向きに変位させるためには，波は点線で示したように $-x$ 方向に進行しなければならない．それに伴って，点 B は上向きに，点 C は下向きに変位する．

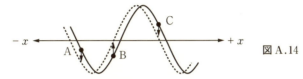

図 A.14

【6.3】　$u(x, t) = 2\sin(3x - \pi t)$ を，波動方程式 $\partial^2 u/\partial t^2 = v^2(\partial^2 u/\partial x^2)$ の左辺と右辺にそれぞれ代入すると，

$$-2\pi^2 \sin(3x - \pi t) = -18v^2 \sin(3x - \pi t)$$

となり，これを整理すると次のようになる．

$$(18v^2 - 2\pi^2)\sin(3x - \pi t) = 0$$

よって，$v^2 = \pi^2/9$ のとき，$u(x, t) = 2\sin(3x - \pi t)$ は波動方程式の解になり得る．

【6.4】　$u(x, t) = A\sin kx \cdot \cos \omega t$ を波動方程式 $\partial^2 u/\partial t^2 = v^2(\partial^2 u/\partial x^2)$ の左辺と右辺にそれぞれ代入すると，$-A\omega^2 \sin kx \cdot \cos \omega t = -v^2 A k^2 \cos \omega t \cdot \sin kx$ となる．これを整理すると $\omega^2 = k^2 v^2$ となり，$\omega \geqq 0$ として $\omega = kv$ を得る．

第 7 章

【7.1】　（1）　$v = \sqrt{mg/\sigma}$

（2）　$L = (1/2)\lambda$ のとき $f = (1/2L)\sqrt{mg/\sigma}$, $L = \lambda$ のとき $f = (1/L)\sqrt{mg/\sigma}$,

　　　$L = (3/2)\lambda$ のとき $f = (3/2L)\sqrt{mg/\sigma}$

【7.2】　x 軸上を $+x$ 方向に進む波は次のように表すことができる．

$$f(x, t) = f(x - vt) = a\sin\left\{\frac{2\pi}{\lambda}(x - vt) + \varphi\right\} = a\sin\left(\frac{2\pi}{\lambda}x - \frac{2\pi v}{\lambda}t + \varphi\right)$$

$$= a\sin(kx - kvt + \varphi) = a\sin(kx - \omega t + \varphi)$$

$-x$ 方向に進む波は次のように表すことができる．

$$g(x, t) = g(x + vt) = a\sin\left\{\frac{2\pi}{\lambda}(x + vt) + \varphi\right\} = a\sin\left(\frac{2\pi}{\lambda}x + \frac{2\pi v}{\lambda}t + \varphi\right)$$

$$= a\sin(kx + kvt + \varphi) = a\sin(kx + \omega t + \varphi)$$

【7.3】 （1） $u(2, t) = 0.01 \cos(20\pi - 1000\pi t)$ [m]

（2） 点 P の速度 $\dot{u}(2, t) = 10\pi \sin(20\pi - 1000\pi t)$ [m/s]

　　　　点 P の加速度 $\ddot{u}(2, t) = -10000\pi^2 \cos(20\pi - 1000\pi t)$ [m/s²]

【7.4】 （1） 図 A.15 に示すように，レーザー光源から出た平面波はスリットに向かって進行し，2 つのスリットに入射する．ホイヘンスの原理により，それぞれのスリットが点波源となって素元波を発生し，素元波が重ね合わされて球面波（正確にはスリットは細長いので円筒波）となる．2 つの球面波は，ダブルスリットの右側に広がっていく．

　図のように，2 つの球面波の波面が互いに重ね合わされて干渉する．波の山と山，谷と谷が重なり合うと強め合い，山と谷が重なり合うと弱め合う．このパターンがスクリーン上では明点と暗点となって観察されることになる．レーザー光は干渉性がよい光で，明暗の縞模様が明瞭に観察できる．このように干渉性のよい光のことを，**コヒーレントな光**という．

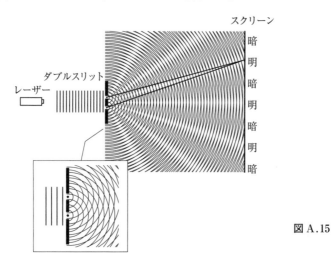

図 A.15

（2） 図 A.16 において，点 C に輝点ができる条件は，スリット S_1 と S_2 からの光が強め合うことであるから，光路長差 $|S_1C - S_2C|$ が波長 λ の整数倍になることである．これは m を整数として，$|S_1C - S_2C| = m\lambda$ と表すことができる．一方，図より $|S_1C - S_2C| = S_2D$ である．角度 θ は小さいから $\sin\theta \approx \tan\theta = OC/BO$ であることを用いて，次のように計算できる．

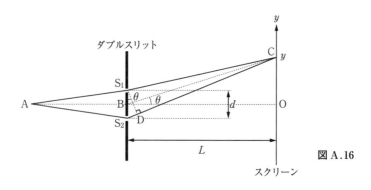

図 A.16

$$S_2D = S_1S_2 \times \sin\theta \approx S_1S_2 \times \tan\theta = d \times OC/BO = d \times (y/L)$$

よって，$d \times (y/L) = m\lambda$ であるから，スクリーン上の輝点の座標は $y = m(L\lambda/d)$（m は整数）となる．m は回折の次数とよばれ，m の値に対応した輝点が，本文の図 7.18 の写真のように上下方向に現れる．

第 8 章

[8.1]　（1）　$f(t) = \dfrac{1}{2} + \dfrac{2}{\pi}\sin\omega_0 t + \dfrac{2}{3\pi}\sin 3\omega_0 t + \dfrac{2}{5\pi}\sin 5\omega_0 t + \dfrac{2}{7\pi}\sin 7\omega_0 t$

$$+ \dfrac{2}{9\pi}\sin 9\omega_0 t + \cdots + \dfrac{1 - (-1)^n}{n\pi}\sin n\omega_0 t + \cdots$$

（2）　$f(t) = \dfrac{1}{2} - \dfrac{1}{\pi}\sin\omega_0 t - \dfrac{1}{2\pi}\sin 2\omega_0 t - \dfrac{1}{3\pi}\sin 3\omega_0 t - \dfrac{1}{4\pi}\sin 4\omega_0 t$

$$- \dfrac{1}{5\pi}\sin 5\omega_0 t + \cdots + \dfrac{-1}{n\pi}\sin n\omega_0 t + \cdots$$

$$= \dfrac{1}{2} - \dfrac{1}{\pi}\left(\sin\omega_0 t + \dfrac{1}{2}\sin 2\omega_0 t + \dfrac{1}{3}\sin 3\omega_0 t + \dfrac{1}{4}\sin 4\omega_0 t\right.$$

$$\left. + \dfrac{1}{5}\sin 5\omega_0 t + \cdots + \dfrac{1}{n}\sin n\omega_0 t + \cdots\right)$$

（3）　$f(t) = \dfrac{1}{2} - \dfrac{1}{\pi}\sin 2\omega_0 t - \dfrac{1}{2\pi}\sin 4\omega_0 t - \dfrac{1}{3\pi}\sin 6\omega_0 t - \dfrac{1}{4\pi}\sin 8\omega_0 t$

$$- \dfrac{1}{5\pi}\sin 10\omega_0 t - \cdots - \dfrac{1 + (-1)^n}{n\pi}\sin n\omega_0 t - \cdots$$

$$= \dfrac{1}{2} - \dfrac{1}{\pi}\left(\sin 2\omega_0 t + \dfrac{1}{2}\sin 4\omega_0 t + \dfrac{1}{3}\sin 6\omega_0 t + \dfrac{1}{4}\sin 8\omega_0 t\right.$$

$$\left. + \dfrac{1}{5}\sin 10\omega_0 t + \cdots + \dfrac{1 + (-1)^n}{n}\sin n\omega_0 t + \cdots\right)$$

[8.2]　$A(\omega) = \sin\omega\tau/\omega$，$B(\omega) = (1 - \cos\omega\tau)/\omega$，$F(\omega) = \sin\omega\tau/\omega + i\{(\cos\omega\tau - 1)/\omega\}$

[8.3]　（1）　$F(\omega) = i\left(\dfrac{2}{\omega}\cos\dfrac{\omega T}{2} - \dfrac{4}{\omega^2 T}\sin\dfrac{\omega T}{2}\right)$

（2）　$F(\omega) = \dfrac{8}{-\omega^2 T^2}\left(T\cos\dfrac{\omega T}{2} - \dfrac{2}{\omega}\sin\dfrac{\omega T}{2}\right)$

参 考 文 献

本書を執筆するにあたって参考にした，振動・波動およびフーリエ解析関連の書籍．

［1］ 須藤 彰三：「波動方程式の解き方」（共立出版，1994 年），ISBN 978-4-320-03309-2

［2］ 近 桂一郎：「振動・波動」（裳華房，2006 年），ISBN 978-4-7853-2226-7

［3］ 小形 正男：「振動・波動」（裳華房，1999 年），ISBN 978-4-7853-2088-1

［4］ 長谷川 修司：「振動・波動」（講談社，2009 年），ISBN 978-4-06-157202-7

［5］ 寺沢 徳雄：「振動と波動」（岩波書店，1987 年），ISBN 978-4-00-007747-7

［6］ 小暮 陽三：「ゼロから学ぶ振動と波動」（講談社，2005 年），ISBN 978-4-06-154680-6

［7］ 有山 正孝：「振動・波動」（裳華房，1970 年），ISBN 978-4-7853-2109-3

［8］ 小野 昱郎：「波動」（森北出版，2012 年），ISBN 978-4-627-15381-3

［9］ 吉岡 大二郎：「振動と波動」（東京大学出版会，2005 年），ISBN 978-4-13-062607-1

［10］ 鹿児島 誠一：「振動・波動入門」（サイエンス社，1992 年），ISBN 978-4-7819-0682-9

［11］ 際本 泰士：「振動・波動論講義」（コロナ社，2005 年），ISBN 978-4-339-06609-8

［12］ 春日 隆：「フーリエ級数の使いみち」（共立出版，1993 年），ISBN 978-4-320-03305-4

［13］ 竹内 淳：「高校数学でわかるフーリエ変換」（講談社，2009 年），
ISBN 978-4-06-257657-4

［14］ 船越 満明：「キーポイント フーリエ解析」（岩波書店，1997 年），
ISBN 978-4-00-007869-6

索　引

著者略歴

ふく　　だ　　　　　まこと
福 田　　誠

1963 年　東京都生まれ
1986 年　慶應義塾大学理工学部物理学科卒業
1989 年　慶應義塾大学大学院理工学研究科計測工学専攻修士課程修了
1989 年　横河電機株式会社入社
1998 年　千歳科学技術大学助手
2010 年　千歳科学技術大学教授
2019 年 4 月　公立千歳科学技術大学教授
博士（理学）

研究分野　アナログ電子回路，光デバイス
研究テーマ　高速・高周波回路の開発
　　　　　　低雑音増幅回路の開発
　　　　　　LED 駆動回路の開発
　　　　　　二光束干渉露光を用いた光デバイスの開発

主な著書
「基本を学ぶ 電気電子計測」（共著，オーム社）

入門　振動・波動

2017 年 11 月 10 日　　第 1 版 1 刷発行
2022 年 3 月 10 日　　第 2 版 1 刷発行

検　印
省　略

定価はカバーに表示してあります．

著作者　　　　福 田　　誠

発行者　　　　吉 野 和 浩

発行所　　　東京都千代田区四番町 8 - 1
　　　　　　電　話　　03-3262-9166（代）
　　　　　　郵便番号　102-0081
　　　　　　株式会社　裳 華 房

印刷所　　　株式会社　真 興 社

製本所　　　牧製本印刷株式会社

一般社団法人
自然科学書協会会員

JCOPY〈出版者著作権管理機構 委託出版物〉
本書の無断複製は著作権法上での例外を除き禁じ
られています．複製される場合は，そのつど事前
に，出版者著作権管理機構（電話 03-5244-5088，
FAX 03-5244-5089，e-mail: info@jcopy.or.jp）の許諾
を得てください．

ISBN 978-4-7853-2256-4

© 福田　誠，2017　Printed in Japan

振動・波動　[基礎物理学選書 8]

有山正孝 著　Ａ５判／300頁／定価 3630円（税込）

　振動現象・波動現象を横断的・統一的な観点から取り扱った教科書は多くはなく，演習書は稀といってもよい．本書は，長年にわたって多数の学校で採用されている定評ある教科書である．

【主要目次】1. 単振動　2. 減衰振動　強制振動　3. 非線形振動　4. 連成振動　5. 連続体の振動　6. 波動　7. 波の反射・透過・屈折　8. 波の重ね合せと干渉　9. 波の回折

振動・波動演習　[基礎物理学選書 24]

有山正孝 編　Ａ５判／256頁／定価 3740円（税込）

　上記『振動・波動』を補完する演習書．編集にあたっては，第一に平易な問題から始めて程度の高い問題に至ること，第二に題材をつとめて日常の経験の中に求めたこと，第三に認識を新たにするような意外性のある例を多く示すこと，などに意を用いた．

本質から理解する　数学的手法

荒木　修・齋藤智彦 共著　Ａ５判／210頁／定価 2530円（税込）

　大学理工系の初学年で学ぶ基礎数学について，「学ぶことにどんな意味があるのか」「何が重要か」「本質は何か」「何の役に立つのか」という問題意識を常に持って考えるためのヒントや解答を記した．話の流れを重視した「読み物」風のスタイルで，直感に訴えるような図や絵を多用した．

【主要目次】1. 基本の「き」　2. テイラー展開　3. 多変数・ベクトル関数の微分　4. 線積分・面積分・体積積分　5. ベクトル場の発散と回転　6. フーリエ級数・変換とラプラス変換　7. 微分方程式　8. 行列と線形代数　9. 群論の初歩

力学・電磁気学・熱力学のための　基礎数学

松下　貢 著　Ａ５判／242頁／定価 2640円（税込）

　「力学」「電磁気学」「熱力学」に共通する道具としての数学を一冊にまとめ，豊富な問題と共に，直観的な理解を目指して懇切丁寧に解説．取り上げた題材には，通常の「物理数学」の書籍では省かれることの多い「微分」と「積分」，「行列と行列式」も含めた．

【主要目次】1. 微分　2. 積分　3. 微分方程式　4. 関数の微小変化と偏微分　5. ベクトルとその性質　6. スカラー場とベクトル場　7. ベクトル場の積分定理　8. 行列と行列式

大学初年級でマスターしたい　物理と工学の　ベーシック数学

河辺哲次 著　Ａ５判／284頁／定価 2970円（税込）

　手を動かして修得できるよう具体的な計算に取り組む問題を豊富に盛り込んだ．

【主要目次】1. 高等学校で学んだ数学の復習 －活用できるツールは何でも使おう－　2. ベクトル －現象をデッサンするツール－　3. 微分 －ローカルな変化をみる顕微鏡－　4. 積分 －グローバルな情報をみる望遠鏡－　5. 微分方程式 －数学モデルをつくるツール－　6. 2階常微分方程式 －振動現象を表現するツール－　7. 偏微分方程式 －時空現象を表現するツール－　8. 行列 －情報を整理・分析するツール－9. ベクトル解析 －ベクトル場の現象を解析するツール－　10. フーリエ級数・フーリエ積分・フーリエ変換 －周期的な現象を分析するツール－

裳華房ホームページ　https://www.shokabo.co.jp/